Erich Preuß • Reise ins Verderben

Erich Preuß

Reise ins Verderben

Eisenbahnunfälle der 90er Jahre

Einbandgestaltung: Nicole Lechner

Titelbild: Am 9. April 1993 stieß IC 995 bei Berlin-Wannsee mit einem Entlastungsschnellzug frontal zusammen.
Foto: Preuß

Alle Fotos ohne Angabe des Urhebers stammen vom Autor oder aus dessen Sammlung.

ISBN 3-613-71058-7

1. Auflage 1997

Lektor: Claus-Jürgen Jacobsen
DTP: IPa, Vaihingen/Enz
Druck: Gulde-Druck, Tübingen
Bindung: Spinner, Ottersweier
Printed in Germany

Vorwort

Wie bei allen Verkehrssystemen gibt es auch im Eisenbahnbetrieb keine absolute Sicherheit. Bei der Erörterung von Sicherheitsfragen legt jede Bahnverwaltung eine merkwürdige Scheu an den Tag und berichtet in der Regel nur »positiv«, indem nämlich die Zahl der gefahrenen Züge, die der beförderten Reisenden und der transportierten Güter genannt werden. Der gleichen Methode bediente sich Wolfgang J., Vorsitzender der Arbeitsgemeinschaft Traktion im Gesamtbetriebsrat der Deutschen Bahn AG, als er am 29. August 1996 sich über die »Verleumdungen« der Medien beklagte, die Lokomotivführer als Sicherheitsrisiko darstellten (dazu mehr im 4. Abschnitt »Nicht bei der Sache?«). Er rechnete vor, daß es in zweieinhalb Jahren bei 32 Millionen Zugfahrten nur 33 Verfehlungen gegeben habe. Nun sind weder diese Zahlen richtig, noch stimmt die Terminologie. Davon abgesehen möchte der Reisende verständlicherweise nicht irgendeine statistische Größe sein, die das Pech hatte, im falschen Zug zu sitzen, der ihn ins Verderben brachte.

Wie die vorangegangenen Bücher des transpress Verlages »Eisenbahnunfälle in Europa« und »Tragischer Irrtum« beteiligt sich dieses Buch weder an Verleumdungen noch an der Schönfärberei der dazu befähigten Öffentlichkeitsarbeiter. Vielmehr geht es um die Aufklärung von Ursache, Schuld und Hintergründen, zumal die Tagesmedien immer nur vom Ereignis schreiben und selten für sachliche und tiefgründige Betrachtungen dieses Teils der Eisenbahnszene Platz oder Zeit haben.

Ich hatte auch nicht die Absicht, irgendeiner Stelle vorzuhalten, wie man den Betrieb zu führen habe. Dafür gibt es gut bezahlte Fachleute. Aber das Publikum, das sich oder sein Gut gegen Bezahlung einem Verkehrsmittel anvertraut, hat ein Recht, hinter die Kulissen zu blicken, um Vertrauen gewinnen zu können und sich für das ihm gemäße Verkehrsmittel zu entscheiden. Ich möchte auch nicht vor Reisen mit der Bahn warnen; schließlich hat das unabhängige Schweizer Prognos-Institut Flug- und Eisenbahnverkehr hinsichtlich der Sicherheit als ebenbürtig bezeichnet. Obendrein bestätigt die UIC, der Internationale Eisenbahnverband, mit ihrer Statistik, daß die 15 Eisenbahnen der Europäischen Union, der Schweiz und Norwegens ihre Betriebssicherheit stetig verbesserten. 1970 kamen auf eine Milliarde Personenkilometer 1,96 verunglückte Reisende, 1993 waren es nur noch 0,43. Daß der Straßenverkehr an solchen Erfolgszahlen nicht beteiligt ist – abgesehen davon, daß keine vergleichbaren Zahlen vorliegen –, läßt der 1. Abschnitt »Vernunft hat Vorfahrt?« erkennen.

Weil Zeitungsberichte für die tiefgründige Analyse von Eisenbahnunfällen nicht genügen, sondern dafür die Gutachten Sachverständiger, eisenbahninterne Unterlagen, Gerichtsurteile und Aussagen der Beteiligten notwendig sind, werden vor allem Eisenbahnunfälle deutscher Bahnen analysiert. Mit Rücksicht auf Zusammenhänge und wegen der Vergleiche erlaubte ich mir auch Rückgriffe auf Ereignisse vor 1990. Weit mehr Ereignisse als in diesem Buch abgehandelt müßten erörtert werden, wäre es um »die« Eisenbahnunfälle der neunziger Jahre gegangen. Ich mußte auswählen und konnte nicht auf die aufsehenerregenden Katastrophen von Affoltern, Lausanne, auf Brände in Zügen oder auf Attentate (zum Beispiel auf die Castor-Transporte) eingehen. Diese Beschränkung hat lediglich ihren Grund im vorgegebenen Manuskriptumfang.

Schließlich möchte ich den Staatsanwaltschaften und Gerichten zwischen Kiel und Ravensburg für die Unterstützung danken; nur wenige der Justizbehörden hüllten sich in Schweigen. Zu danken habe ich auch verschiedenen Eisenbahnern von Deutscher Bundes- und Reichsbahn sowie der Deutschen Bahn AG und des Eisenbahn-Bundesamtes, die auf Namensnennung keinen Wert legen, weil sie wegen ihrer Auskünfte und der Überlassung des Materials Repressalien ihrer Vorgesetzten befürchten! Deshalb habe ich nur ausnahmsweise Quellen genannt. Endlich ist Dank zu sagen den Herren Dr. Harald Böttcher, Berlin, Holger Hoppe, Berlin, und Eberhard Wiese, Leverkusen, für die kritische Durchsicht des Manuskripts und Herrn Zámbór Gábor, Budapest für die Ergänzung zum Unfall in Mende.

Berlin, im Dezember 1996

Erich Preuß

Inhaltsverzeichnis

1. Vernunft hat Vorfahrt?

Tragisches auf dem Bahnübergang

Im Jahre 1995 gab die Deutsche Bahn, unterstützt vom Allgemeinen Deutschen Automobilclub ADAC, ein gut gestaltetes Faltblatt mit dem Titel »Vernunft hat Vorfahrt« heraus. Im Gegensatz zu manch überflüssigen Bahnpublikationen wurde hier nichts angepriesen, vielmehr ging es um den Bahnübergang[1], der zu einem Unfallschwerpunkt geworden ist und dies bis auf weiteres auch zu bleiben scheint. In den von Kraftfahrzeugen überschwemmten Ländern hat sich die Überzeugung verfestigt, das Straßenfahrzeug habe gegenüber anderen Verkehrsmitteln immer Vorfahrt. Diese Meinung wird durch vielerlei administrative Maßnahmen unterstützt, von denen ich nur zwei nennen möchte: den Wegfall der Ampel-Vorrang-Schaltung für die Straßenbahn, wie sie in den sechs neuen Bundesländern bestand, und die Aufhebung der DDR-Straßenverkehrsvorschrift, nach der die Straßenbahn grundsätzlich Vorfahrt hatte.

Daß die Eisenbahn schon aus technischen Gründen Vorfahrt gegenüber Straßenfahrzeugen haben muß, selbst wenn diese Sondersignale einsetzen, wird mehr und mehr vergessen. Eine Lokomotive oder ein Triebwagen benötigen gegenüber dem Straßenfahrzeug den sechsfachen Bremsweg, muß doch beispielsweise ein 300 Tonnen schwerer Zug, der mit 80 km/h fährt, viel mehr kinetische Energie abbauen als ein Eintonnner auf der Straße bei gleicher Geschwindigkeit. Der geringe Haftreibungswert der Stahlräder auf Stahlschienen verlängert den Bremsweg zusätzlich. Selbst mit Magnetschienenbremsen kann die Bremsverzögerung nicht grenzenlos erhöht werden, wenn die Personen oder Güter im Zug nicht Schaden nehmen sollen. Abgesehen davon ist die vom Gesetzgeber der Eisenbahn eingeräumte Vorfahrt gerecht, wenn man die unterschiedliche Menge der mitfahrenden Personen und transportierten Güter beim Straßen- bzw. beim Schienen-

Ein unaufmerksamer Lkw-Fahrer stieß am 17. April 1991 bei Emmehausen mit Triebwagen 624 607 zusammen
Foto: Klee

fahrzeug berücksichtigt. Der Kraftfahrer muß beachten, ob der Bahnübergang befahrbar ist und nicht der Lokomotivführer, ob er die Straße überqueren darf.

Die Nachrichten über tragische Ereignisse am Bahnübergang gehen in den täglichen Schreckensmeldungen aus aller Welt unter. Zudem ist die Zahl der Unfallopfer am Bahnübergang verglichen mit der Gesamtzahl der im Straßenverkehr Getöteten und Verletzten gering. Unfälle auf Bahnübergängen machen lediglich 0,02 Prozent aller Verkehrsunfälle aus. Die Deutsche Bundesbahn bzw. die Deutsche Bahn AG gaben sich in ihren Pressemitteilungen sogar erfreut, weil die Zahl der Unfälle auf ihren Bahnübergängen trotz gestiegener Fahrzeugdichte kontinuierlich zurückgegangen sei. Im Netz der Deutschen Bundesbahn registrierte man 1990 knapp 600 solcher Ereignisse, 1992 reichlich 300 und »nur« 70 bzw. 100 Tote! Für 1995 wurden keine Unfallzahlen bekanntgegeben, die Zahl der Verletzten bzw. Toten lag laut DB AG bei 343 bzw. 104, laut dpa bei 144 Toten. Die Bahn führte 1993 den günstigen Trend auf ihre Sicherheitsvorkehrungen zurück, zu denen sie die Beseitigung der Übergänge durch Unter- und Überführungen, neuzeitliche Signalanlagen, besser erkennbare Triebköpfe und gute Fahrbahnmarkierungen rechnete. Man muß anfügen, daß die geglätteten, sogar mit Gummi belegten Überfahrten erst richtig zum Rasen über eine Gefahrenstelle verleiten, der man sich eigentlich vorsichtig nähern sollte. Überwachungskameras und Achtung-Kamera-Schilder sollten das riskante Verhalten der Verkehrsteilnehmer ändern, wie es in einer Pressemitteilung der Deutschen Bahn AG vom 16. August 1994 hieß. Bisher wurden nirgendwo derartige Kameras gesehen.

Ganz nebensächlich scheinen die Unfälle an Bahnübergängen für die Deutsche Bahn AG doch nicht zu sein, sonst erschienen in den internen Publikationen, die unter die Betriebseisenbahner gestreut werden,

Titel der Broschüre, mit der die Deutsche Bahn die Einhaltung der »fairen Regeln« unter »ungleichen Partnern« forderte.

nicht häufig Beiträge zum Verhalten an Bahnübergängen und zur Funktion der Sicherungsanlagen. Meist geht es in diesen Beiträgen um das Fehlverhalten von Lokomotivführern bei gestörten Halbschrankenanlagen. Da es sich stets um Fälle handelt, die sich zwischen A-Stadt und B-Dorf ereignet haben sollen, lohnt es nicht, auf sie einzugehen. Auch dürfte diese an die frühere DDR erinnernde Anonymität (»Kein Futter dem Klassenfeind!«) kaum einen Leser ansprechen.

Tatsächlich offenbart weniger die Unfallstatistik als vielmehr der Augenschein an Bahnübergängen den wachsenden Umfang von Leichtsinn und Rücksichtslosigkeit im

Straßenverkehr. Das Umfahren eines durch Rotlicht abgesperrten Überwegs gilt vielerorts als »Kavaliersdelikt«, ebenso das Über-den-Bahnübergang-Preschen, wenn sich der Zug einem ungesicherten Übergang nähert und mit Achtungssignalen bemerkbar macht. Unfallursache Nummer 1 am Bahnübergang ist die mangelnde Vorsicht der Kraftfahrer!

Bahnlinie von Anwohnern gesperrt

Wer über einen technisch nicht gesicherten Bahnübergang[2] rast, riskiert entweder bewußt sein Leben oder meint, der Lokomotivführer solle statt seiner bremsen. Nach Auskunft eines höheren Polizeibeamten sinkt im Zusammenhang mit den Zusammenstößen an Bahnübergängen, die von Haltlicht-, Halbschrankenanlagen oder auf andere Weise technisch gesichert sind, die Schwelle zum Unrechtsbewußtsein immer weiter. Nur so sind die Unfälle auf derart gesicherten Übergängen zu erklären. Die Zeit scheint nicht mehr fern zu sein, da die Eisenbahn die auf Kraftwagen orientierte Verkehrslandschaft stört. Wie sich dann Gefühle entladen, zeigt ein Extrembeispiel aus Spanien. Bei Burgos sperrten Anwohner am 2. Juli 1996 eine Strecke und damit den gesamten Bahnverkehr zwischen Madrid und Europa. Das sollte ein Protest gegen den Tod einer 17jährigen sein, die von einem Zug überfahren worden war. Diese Jugendliche hatte das Gleis bei geschlossenen Schranken überschritten, und die Bürger gaben der staatlichen Eisenbahngesellschaft RENFE die Schuld!

Am 29. Januar 1992 erfaßte der Nahverkehrszug 7702 auf einem durch Halbschranken gesicherten Bahnübergang bei Odendorf (Strecke Bonn – Euskirchen) einen Rettungswagen des Deutschen Roten Kreuzes und schleifte ihn etwa 260 m mit. Die zwei Insassen wurden schwer verletzt. Am 16. Juni 1992 mißachtete ein Pkw-Fahrer das rote Blinklicht am Bahnübergang bei Freihung (Strecke Weiden – Neukirchen). Der Triebwagen des Eilzugs 3516 (Baureihe 614) prallte mit dem Pkw zusammen, dessen Fahrer getötet wurde. Am 6. Oktober 1992 stieß der Eilzug 3507 bei Großalbersdorf an der gleichen Strecke mit einem Pkw zusammen. Alle drei Insassen des Pkw wurden getötet.

Am 25. September 1994 meldete sich ein Autofahrer über die Wechselsprechanlage der Anrufschranke beim Fahrdienstleiter des Bahnhofs Wiesenburg (Mark) (Strecke Berlin – Güsten). Die Schranke wird nur bedarfsweise geöffnet und nur dann, wenn kein Zug zu erwarten ist. Der Fahrdienstleiter durfte in diesem Augenblick die Schranke nicht öffnen, weil der EuroCity Brüssel - Berlin im Streckenabschnitt war. Er bat deshalb den Anrufer, zu warten. Dem Jeep-Fahrer paßte das nicht. Er umrundete die Schranke, blieb mit dem Vorderrad im Gleis stecken und flüchtete. Der Zug stieß mit dem Pkw zusammen. Stunden später erfaßte der InterCity-Night Berlin – Bonn bei Magdeburg-Sudenburg (Strecke Magdeburg Hbf – Braunschweig Hbf) einen Pkw, in dem ein Ehepaar saß, das vor der geschlossenen Halbschranke ebenfalls nicht warten wollte. Es wurde getötet. Bei Kerzendorf (Strecke Berlin – Halle) wurde am 15. Juni 1995 ein Pkw vom Schnellzug Berlin – Stuttgart erfaßt, als der später getötete Fahrer dabei war, die Schranken zu umfahren – »aus unbekannten Gründen«, wie die »Berliner Zeitung« offenbar dem Polizeibericht entnommen hatte.

Die Schreckensmeldungen ließen sich beliebig fortsetzen. Sie sind in den Tageszeitungen bereits derart üblich, daß sie nur noch auf den Lokalseiten oder in der schmalen Spalte unter »Vermischtes« erscheinen. Trotzdem eine kleine Auswahl aus den neunziger Jahren:

Am 23. Februar 1994 traf es bei Krefeld einen Kleinbus mit Behinderten, drei Tote und zwei Verletzte waren die Folge. Der Fahrer hatte die Warnanlage nicht beachtet.

Am 19. April 1994 fuhr ein S-Bahn-Zug Frankfurt (Main) – Bad Homburg auf einen Kleinbus. Die Folgen: eine Tote, zwei Schwerverletzte.

Am 6. Juni 1994 prallte bei Schönerlinde (Kreis Barnim) ein Lkw mit einem Triebwagen zusammen – sechs Verletzte. Der Lkw-Fahrer hatte nach Vorbeifahrt eines Güterzugs nicht das Verlöschen des Blinklichts der Halbschrankenanlage abgewartet und übersehen, daß sich auf dem benachbarten Gleis ein Triebwagen näherte.

Nahe Magdeburg hatte es am 24. Juni 1994 ein Kleinbusfahrer eilig, der nicht vor der geschlossenen Halbschranke warten wollte. Er stieß mit dem IC Köln – Berlin zusammen und wurde getötet.

Am 19. Oktober 1995 prallte ein Pkw mit der Regionalbahn zwischen Höltinghausen und Ahlhorn (Strecke Osnabrück – Oldenburg) zusammen, obgleich die Halbschranken den Bahnübergang abgesperrt hatten. Der Pkw-Fahrer wurde getötet, ein Reisender leicht verletzt.

Nach gleichem Muster liefen zwei Ereignisse am 21. und am 22. November auf einem Bahnübergang zwischen Götz und Groß Kreutz (Strecke Berlin – Magdeburg) sowie bei Belzig (Strecke Belzig - Brandenburg) ab, wo der Kraftfahrer bzw. Kraftfahrer und Mitfahrer den Leichtsinn nicht überlebten.

Breitenau 1995: Der Zug riß den Bagger mit, und der Bagger riß die Wagen auf. Foto: Strehle

Auch die Fahrzeuge des Regionalexpresses wurden vom Hindernis Bagger zerstört. Foto: Strehle

Ein Lkw-Lenker erkundigte sich am 23. Oktober 1995 ausgerechnet auf einem Bahnübergang zwischen Brilon Wald und Messinghausen (Strecke Schwerte [Ruhr] – Warburg [Westf]) nach dem Verlauf der Straße und nahm weder Blinklicht noch sich senkende Schrankenbäume wahr. Der Steuerwagen der Regionalbahn prallte mit dem Lkw zusammen, der Fahrer wurde schwer, der Lokomotivführer und drei Reisende leicht verletzt, es entstand über eine Million Mark Sachschaden.

Genauso hatte am 30. Dezember 1994 ein Pkw auf den Gleisen bei Oberschleißheim – in Höhe des alten Bahnhofs Schleißheim - (Strecke München – Landshut) gestanden, der vom Eilzug 3083 Passau – München erfaßt wurde. Die Lokomotive entgleiste und stürzte um, der erste Wagen entgleiste und legte sich schräg. Der Pkw-Fahrer kam ums Leben, fünf Reisende, der Zugschaffner und der Lokomotivführer wurden leicht verletzt.

Auf Bahnübergang den Motor »abgewürgt«

Für einen Zusammenprall am Bahnübergang Breitenau (Strecke Dresden – Chemnitz) machten Fernsehen und Presse die Automatik der Halbschrankenanlage verantwortlich. Was war geschehen? Am 23. Mai 1995 wurde am Bahnübergang gebaut. Während der Baggerfahrer Baumaterial holte, wollte ein eifriger Arbeiter den Bagger auf die andere Seite des Bahnübergangs

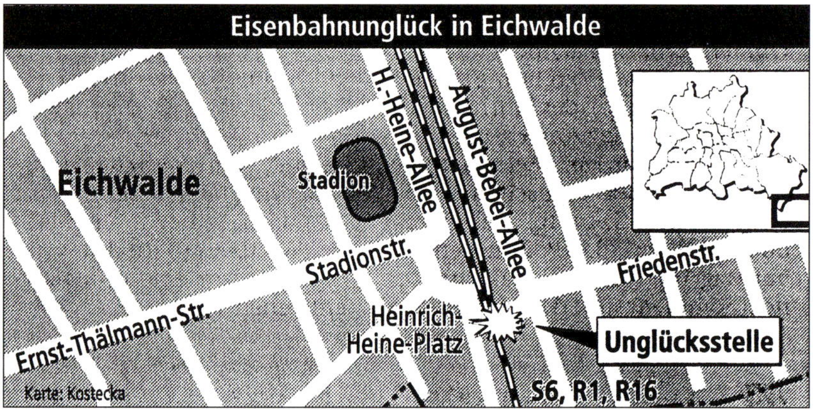

Mit dieser Skizze illustrierte die »Berliner Zeitung« ihren Bericht vom Unfall in Eichwalde. Sie läßt kaum erkennen, daß der vom Heinrich-Heine-Platz kommende Lastwagenfahrer nur durch mehrere Windungen den Bahnübergang erreicht.

Zur Tatzeit war der Bahnübergang viel schmaler, denn der Poller stand über einem Schlagloch etwa 4 m links von der Markierungslinie. Die Fahrbahn ist erst im Sommer 1996 verbreitert und damit der Poller weiter nach außen versetzt worden

fahren. Er startete ihn, doch mitten auf dem Bahnübergang »würgte er«, wie man in Kraftfahrerkreisen spricht, »den Motor ab«. Der des Fahrens Unkundige konnte das Gerät auch nicht wieder starten. Zu dieser Zeit näherten sich aus beiden Richtungen ein Nahverkehrszug und ein Regionalexpreß, so daß sich die Halbschranken senkten. Für den inzwischen zum Bagger geeilten Fahrer blieb keine Zeit, um das Hindernis aus dem Gleisbereich zu bringen. Es riß bei beiden Zügen die Wagen auf. Die beiden Bauarbeiter und ein Reisender wurden getötet, 15 Reisende zum Teil schwer verletzt. Der getötete Reisende war übrigens der Gewerkschaftsfunktionär K., der bereits vor der Wende und erst recht danach, als rigoros das Personal abgebaut wurde, durch seine kritische Haltung zu den Bahnchefs auffiel und deshalb unter den sächsischen Eisenbahnern bekannt war. Die Staatsanwaltschaft Chemnitz stellte das Ermittlungsverfahren zu diesem Unfall ein, da außer dem unberechtigt Fahrenden niemand als Schuldiger in Frage kam, dieser aber getötet worden war.[3] Darüber schrieben die Zeitungen nicht; der Unfall war bereits vergessen.

Am 17. August 1995 näherte sich der Regionalexpreß 3121 Stralsund – Cottbus mit 122 km/h Geschwindigkeit einem Bahnübergang in Eichwalde (Strecke Berlin – Cottbus). Auf dem Bahnübergang, den am 17. Dezember 1997 der Staatsanwalt als »ziemlich breit« bezeichnete, begegneten sich zwei Lkw, ein Sattelschlepper, der andere aus Zugmaschine und einem Tiefladewagen bestehend. Das Gespann steuerte Sch., der weit ausholen mußte, um in einer engen Kurve den Übergang befahren zu können. P., der andere Kraftfahrer sah das und hielt an. Als Sch. in den Rückspiegel sah, bemerkte er, daß sich die Halbschranke senkte, mitten in den Abstand zwischen Zugmaschine und Tiefladewagen. Er hielt an, sprang aus dem Fahrerhaus, gestikulierte und rannte zum Schrankenbaum, um ihn hochzudrücken. Angeblich glaubte er, dadurch ein Haltsignal auszulösen. Besser wäre es gewesen, er wäre weitergefahren auch auf die Gefahr hin, den Schrankenbaum abzureißen. So aber stand er als Hindernis mitten im Gleis des nahenden Zuges. Beim Zusammenprall wurde der Lokführer getötet und 22 Reisende verletzt, der Zug entgleiste, zwei Wagen stürzten um, und einige Oberleitungsmasten wurden umgerissen.

Nach dem Unglück setzte in Eichwalde die große Betroffenheit ein, die dazu führte, daß der Bahnübergang von Fahrzeugen mit mehr als 3,5 t Gewicht nicht mehr befahren werden durfte. Das Schöffengericht in Königs Wusterhausen sah die Schuld des

»Lehre« nach dem Unfall: Der Bahnübergang soll mit höchstens 10 km/h befahren werden. Zum Glück hält sich kein Verkehrsteilnehmer daran, denn bei solchen Schleichfahrten hätten die Schrankenschließzeiten verlängert und dazu die Einschaltkontakte der Halbschranken versetzt werden müssen (1996).

Die vom Eichwalder Unfall betroffenen und ausgebrannten Fahrzeuge des Regionalexpresses Berlin - Cottbus auf dem Bahnhof Berlin-Grünau (10. 1995).

Kraftfahrers derart gering an – eine Bagatelle –, daß es auf Antrag des Staatsanwaltes das Verfahren einstellte (siehe auch 5. Abschnitt).

Gleichartige Ereignisse hatten sich an diesem Bahnübergang bereits mehrmals ereignet; allerdings gingen sie glimpflich aus. Viel zu wenig wird berücksichtigt, ob unter den heute im Straßenverkehr herrschenden Bedingungen die Bahnübergänge zügig befahren werden können - eine Voraussetzung für das gefahrlose Wirken von Halbschrankenanlagen!

Am 6. Dezember 1991 hielt ein mit schwerem Heizöl beladener Tankzug auf dem Bahnübergang bei Iversheim (Strecke Euskirchen – Münstereifel), weil er nicht, wie beabsichtigt, unmittelbar hinter dem Übergang nach links in eine schmale Straße abbiegen konnte. Sofortige Geradeausfahrt hätte den Zusammenprall mit dem Nahverkehrszug 7709 verhindert, bei dem nur Sachschaden entstand.

Ein ähnlicher Vorfall wie der von Eichwalde hätte am 4. Juli 1996 zwischen Herrnhut und Ruppersdorf (Strecke Löbau [Sachs] – Zittau) fast zur Katastrophe geführt, hätte nicht der Lokomotivführer die Gelegenheit gehabt, den besetzten Bahnübergang rechtzeitig zu bemerken und die Schnellbremsung einzuleiten. So entstanden weder Personen- noch Sachschaden, lediglich die Sperrung der Strecke für etwa eine Stunde war die Folge. Ein Sattelschlepper und ein »gewöhnlicher« Lkw näherten sich einem Bahnübergang. Statt daß einer von beiden vor dem Andreaskreuz gewartet hätte, um den anderen vorbeizulassen, befuhren beide nach dem bekannten, aber unzulässigen Schema »Immer-rauf-auf-die-Kreuzung« den Bahnübergang, wobei sie feststellen mußten, daß der Platz für die Vorbeifahrt nicht reichte. Der Sattelschlepper hielt an, und die Halbschranken schlossen sich...

Gleiches Glück hatten in der Nacht zum 12. Dezember 1992 vier Jugendliche, die mit ihrem Pkw vor den geschlossenen Schranken eines Bahnübergangs bei Flechtingen (Strecke Magdeburg – Oebisfelde) hielten. Ein zweiter Pkw stieß mit den Wartenden zusammen und schob sie auf das Streckengleis, wo sie von einem Güterzug erfaßt und auf das Nachbargleis geschleudert wurden. Der Verursacher stand noch außerhalb des Gleises, während die anderen verletzt wurden. Alle waren alkoholisiert.

Glück im Unglück hatte ein Betrunkener, der mit dem Lkw am 7. Dezember 1994 vor einem Bahnübergang bei Kuhblank (Strecke Berlin – Hamburg) ins Gleisbett geriet. Ein Güterzug hielt vor ihm an.

Nicht selten ist es, daß Kraftfahrer geduldig oder vernünftig vor der geschlossenen Halbschranke warten, während ein anderer Kraftfahrer sie überholt und über den Bahnübergang fährt. Vielleicht hat er Glück und freut sich über seinen Mut und den Vorteil. Doch es kann auch anders ausgehen. Lebensgefährlich verletzt wurde eine 62jährige am 21. September 1995, die in Friedrichshafen den Stau vor der Halbschrankenanlage nicht zur Kenntnis nahm, sondern an ihm auf der linken Straßenseite vorbeifuhr. Mitten auf dem Gleisen blieb sie stehen – möglicherweise hatte sie die Zurufe und Gesten anderer Verkehrsteilnehmer gesehen –, doch der Nahverkehrszug war bereits herangekommen, erfaßte den Pkw und verletzte dessen Fahrerin schwer.

Gleiches ereignete sich am 14. März 1996 in Großschönau (Strecke Mittelherwigsdorf – Eibau), wo ein Pkw-Fahrer an den bereits vor der Halbschrankenanlage wartenden Pkw vorbeifuhr und von der Lokomotive erfaßt wurde.

Ganz abnorm war die schnelle Reue eines Pkw-Fahrers aus Fürstenwalde. Er zerstörte am 8. März 1996 den Schrankenbaum der Halbschrankenanlage in Fürstenwalde Süd (Strecke Fürstenwalde – Beeskow) und fuhr weiter, kehrte aber in derselben Stunde zum Unfallort zurück, wo er sich bei der Polizei meldete. Der Grund seiner Fahrerflucht? Er hatte es eilig; zu Hause habe die Tochter auf ihn gewartet. Den Schaden (5 000 Mark an der Schranke, 1 000 Mark am Pkw) mußte er trotzdem tragen.

Schließlich ist vom Verhalten eines Kameramanns vom Fernsehsender RTL zu berichten, der den von einigen Medien geprägten Slogan »Immer näher dran« praktizierte. Bei Nersingen (Strecke Ulm – Augsburg) war es am 1. Mai 1996 zu einem Unfall mit drei Toten gekommen, weil ein ICE zwei Männer und eine Frau in ihrem Auto erfaßt hatte, das auf dem Bahnübergang liegengeblieben war. Der eifrige Kameramann wollte derart lebensnahe Bilder liefern, daß er sich zu weit in den Gefahrenraum des Gleises beugte, von einem Zug erfaßt und dabei lebensgefährlich verletzt wurde.

»Filmreifes Timing«

Nicht auf einem Bahnübergang, sondern unter einer Brücke passierte am 4. August 1992 das, was eine Eisenbahnzeitschrift als »filmreifes Timing« bezeichnete. In den frühen Morgenstunden zerriß D 202 im Bahnhof Sinzig auf der linken Rheinseite die Oberleitung auf 300 Meter Länge. Daraufhin mußten die dort verkehrenden Züge des Fernverkehrs über die rechte Rheinseite umgeleitet werden. Gerade als IC 508 »Rheinfels« bei Neuwied gefahren kam, durchbrach auf der Bundesstraße 42 ein mit etwa 60 km/h Geschwindigkeit durch eine S-Kurve fahrender Sattelschlepper das Brückengeländer und stürzte auf den Zug. Der Lkw-Fahrer kam ums Leben, drei Lokomotivführer, die sich im hinteren Führerstand der 103 198 aufgehalten hatten, sowie ein Reisender im ersten Wagen wurden schwer verletzt. Als »Große Tragik« überschrieb die Rhein-Zeitung ihren Bericht, gehörte doch der Sattelschlepper jener Spedition, die am 7. Juli 1987 das Inferno von Herborn ausgelöst hatte. Dort war ein defekter Sattelschlepper durch die Straßen der Stadt gerast und umgekippt. Die aus dem demolierten Tank auslaufenden mehr als 30 000 Liter Benzin entzündeten sich vor der Eisdiele »Rialto« und verbrannten explosionsartig. Fünf Menschen wurden getötet, 41 verletzt und 44 obdachlos. Der damalige Juniorchef H. war 1990 zu zweieinhalbjähriger Haft verurteilt worden, weil er einen verkehrsunsicheren Lkw eingesetzt hatte, wurde aber nach zwei Jahren vorzeitig aus der Haft entlassen und ist seitdem als Sozialarbeiter tätig.

«Was unserem 'Molli' alles angetan wird«, war der erste Kommentar einer Reisenden nach dem Zusammenprall im Januar 1993 nahe dem Bahnhof Ostseebad Kühlungsborn Ost. Der mit etwa 40 km/h fahrende Zug war vor einem Bahnübergang Hunderte Meter weit zu sehen. Außerdem gab der Lokomotivführer ständig Achtungssignale. Die unbefestigte Straße durfte mit einer Geschwindigkeit bis zu 30 km/h befahren werden. Vor dem Bahnübergang stand ein Stopp-Schild. Ungeachtet dessen brauste ein Pkw derart schnell auf den Bahnübergang zu, daß der Lokomotivführer an einen Scherz glauben mußte und meinte, der Fahrer werde noch rechtzeitig anhalten. Er hielt aber nicht, sondern fuhr den Pkw zu Schrott, an der Lokomotive wurde die Bremsleitung zerstört. Dieser vom Autor erlebte Unfall charakterisiert deutlich, wie sich einige Kraftfahrer auf die Gefahrenstelle Bahnübergang einstellen. Daran wird das zuerst erwähnte Faltblatt kaum etwas ändern. Für höhere Sicherheit an Bahnübergängen bedürfte es vielmehr einer veränderten Gesinnung in der Öffentlichkeit, Journalisten eingeschlossen. Denn sie sind schnell dabei, der Eisenbahn die Schuld zu geben und nicht etwa dem Kraftfahrer, der die Straßenverkehrsordnung nicht beachtete. Solche »Solidarität« der Journalisten für die Kraftfahrer fehlt bei anderen Verkehrsdelikten. Ein Redakteur wird kaum zum Anwalt, wenn jemand rücksichtslos parkt, die Vorfahrt auf der Hauptstraße oder eine rot zeigende Ampel mißachtet. Welcher Unterschied besteht zwischen der nichtvorfahrtberechtigten Straße und einem unbeschrankten Bahnübergang? Die Schlagzeile - beispielsweise in der »Norddeutschen Rundschau« vom 22. Mai 1992 – lautete nicht: »Kleinbus raste in Regionalschnellbahn«, sondern »Regionalschnellbahn raste in Kleinbus«, geradeso, als habe der Führer der Regionalschnellbahn die Vorsicht außer acht gelassen. Wie selbstverständlich erklärten zur Unfallstelle geeilte Politiker: »Wir müssen über die Sicherheitsvorkehrungen [der Bahn - E. P.] sprechen.«

Zu den schwerwiegendsten Unfällen, die sich im letzten Jahrzehnt an einem Bahnübergang ereigneten, gehört die Katastrophe, die sich am 20. Mai 1992 auf dem Schnittpunkt zwischen der wenig befahrenen Kreisstraße 593 und der eingleisigen Nebenbahn Heide (Holst) – Büsum ereignete. Der Hergang ist vergleichbar mit den bislang geschilderten Verhaltensweisen an

Fassungslos wendet sich die Fahrzeuglenkerin von ihrem guten Stück ab. Die Wucht des mit mäßiger Geschwindigkeit fahrenden Zuges reichte aus, um den Pkw um 180° zu drehen und bis zu einem Zaun zu schleudern (1. 1993).

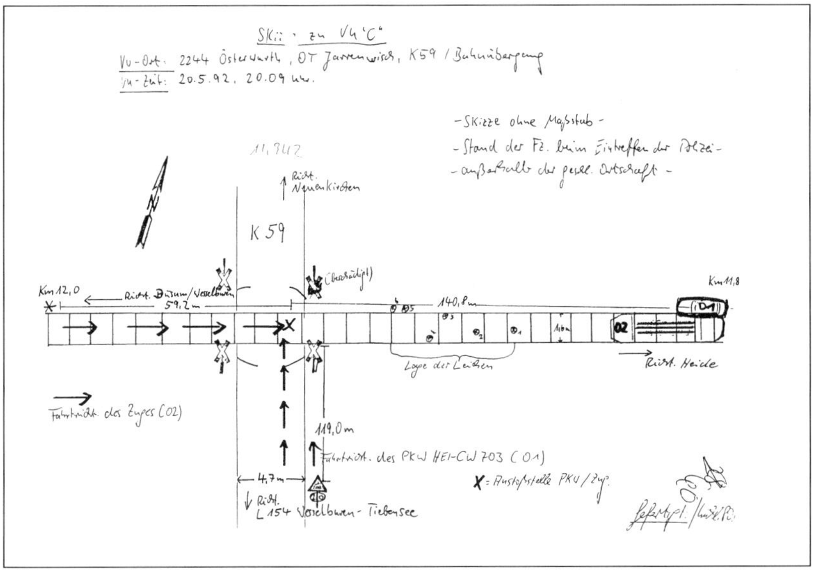

Skizze der Verkehrsunfallbereitschaft, wonach der Transporter bis zum Stillstand des Zuges auf der gleisabgewandten Seite rund 140 m mitgeschleift wurde.

Bahnübergängen, allerdings mit dem Unterschied, daß in vielen anderen Fällen die Kraftfahrer ungeschoren davon kamen. Der Eilzug 4769 sollte laut Fahrplan den Haltepunkt Jarrenwisch ohne Halt durchfahren - folgenlos, hätte nicht gleichzeitig, als der aus dem Trieb- und dem Steuerwagen 628 207 bzw. 928 207 bestehende Zug um 20.07 Uhr in Wesselburen abfuhr, ein Kleinbus die Siedlung Jarrenwisch verlassen, um am gleichnamigen Haltepunkt vorbei in Richtung Neuenkirchen zu fahren. In ihm saßen sechs Kinder und der Fahrzeuglenker. Sie kamen von einer Geburtstagsfeier. Eine Zeugin will gesehen haben, daß die Kinder übermütig im Kleinbus herumhopsten, als das Fahrzeug in die Kreisstraße einbog. Von ihr aus kann man von weitem den von Wesselburen kommenden Zug sehen. Der Triebwagenführer gab außerdem Achtungssignale, die übrigens von einem Anwohner auch gut vernommen wurden. Der Kraftfahrer hat sie wohl nicht gehört, möglicherweise wegen der geschlossenen

So konnte der Pkw-Fahrer aus 70 m Entfernung vor dem Bahnübergang den Triebwagen sehen (5. 1996).

Ständig Blumen für die Getöteten am Bahnübergang bei Jarrenwisch (5. 1996).

Ein Kreuz erinnert bei Altranft an die Tragödie in der Neujahrsnacht (5. 1995).

Fenster und wegen des Lärms, den die Kinder verursachten. Dudelte dazu das Autoradio? Möglich und vielleicht auch verständlich ist das alles. Warum aber sah der Fahrer nicht nach links oder nach rechts?

Dabei herrschten günstige Bedingungen: Tageslicht und trockenes Wetter; der Fahrer war ortskundig und mußte mit regelmäßigem Zugverkehr rechnen. 119 Meter vor dem Gleis machte das Zeichen 151 nach Paragraph 40 der Straßenverkehrsordnung auf den unbeschrankten Bahnübergang aufmerksam, und Zeichen 274 nach Paragraph 41 der Straßenverkehrsordnung verlangte, die Geschwindigkeit auf 20 km/h zu begrenzen. Später gingen die Zeugenaussagen über die tatsächlich gefahrene Geschwindigkeit auseinander. Ein Zeuge meinte, es wären 50 bis 70 km/h gewesen, der andere schätzte 100 km/h. 20 km/h waren es nicht! Der Triebwagenführer des Eilzuges gab erwiesenermaßen zweimal Achtungssignale, doch der Kraftfahrer reagierte nicht. Er hätte den Zug sehen müssen, denn die Sicht auf die Strecke war, abgesehen von einem kleinen Busch, schon 180 Meter vor den Andreaskreuzen gegeben. So kam es, daß der Triebwagen den Kleinbus erfaßte und mitschleifte, wobei der Kraftfahrer und sechs Kinder getötet wurden.

»Zorn auf die Bundesbahn«

Zu Recht machte dieses Ereignis Schlagzeilen. »Betroffenheit und Trauer, aber auch Zorn herrschten gestern in dem kleinen Ort«, so die Kieler Nachrichten, »Zorn auf die Bundesbahn, die den unfallträchtigen Bahnübergang weder durch eine Schranke noch durch ein Lichtsignal gesichert hatte.« Wenn sich die Presse schon als die vierte Gewalt aufspielt, wieso tadelt sie die Bahn und nicht den Kraftfahrer?

Auch das »Stader Tageblatt«, um kurz einen Unfall in Niedersachsen zu streifen, interpretierte das Mißachten des Andreaskreuzes und weiterer Hinweise auf einen unbeschrankten Bahnübergang als Fehler der Bahn. »EVB-Lok rammt einen kreuzenden Wagen«, lautete die Schlagzeile am 13. Februar 1996. Und nach dem Vorschlag, alle Bahnübergänge mit automatischen Halbschrankenanlagen auszurüsten (die dann von Kraftfahrern umrundet werden), meinte das Blatt: »Die EVB können kein Interesse daran haben, als unfallträchtig zu gelten.«[4] Vielleicht kommt eine solche falsche Gewichtung der Journalisten aus der Gewohnheit, für den Schwächeren Partei zu ergreifen. Der Stärkere sind nun einmal die Bahn und ihre Züge. Um in die Holsteinische Marsch zurückzukehren: Genausowenig lieferten die Zeitungen eine Begründung, warum dieser Bahnübergang derart unfallträchtig sein sollte, daß – auf einer Nebenbahn! - besondere Sicherheitsmaßnahmen nötig sein sollten. Die Vorgaben des Gesetzgebers waren ja auch eingehalten worden: das Andreaskreuz und weitere auf den Bahnübergang hinweisende Verkehrszeichen, die Geschwindigkeitsbegrenzung auf 20 km/h. Reicht das alles nicht in einer von Reizen umfluteten Umwelt?

Die Polizei ermittelte, wie es üblich ist, auch gegen den Triebwagenführer. Warum hatte er den Unfall nicht durch rechtzeitiges Bremsen verhindert? Hatte er angemessen reagiert? Da der Triebwagen eine Indusi[5] besaß, zu der ein Registriergerät gehört, konnte der Fahrtverlauf auf einem Registrierstreifen rekonstruiert werden. Nach dem Halt in Wesselburen beschleunigte der Zug auf 78 km/h (80 km/h sind erlaubt). Dann schaltete der Führer den Antrieb ab, und die Geschwindigkeit verringerte sich bei einem Auslauf von 800 Metern auf 73 km/h. 335 Meter vor dem Übergang stand die erste Pfeiftafel, die zweite 245 Meter vorher, zwei Signale, die der Triebwagenführer auch befolgte. Der Triebwagenführer reagierte sehr wohl. 41 Meter vor dem Bahnübergang begann die Schnellbremsung, bis zum Übergang blieben höchstens 3,6 Sekunden Fahrt. Nach 12 Sekunden hielt der Zug mit dem mitgerissenen Kleinbus an. Der Zug brauchte einen Bremsweg von 183 Metern. Rechnet man die Reaktionszeit des Triebwagenführers vom Erkennen der Gefahr hinzu, kommt man auf einen

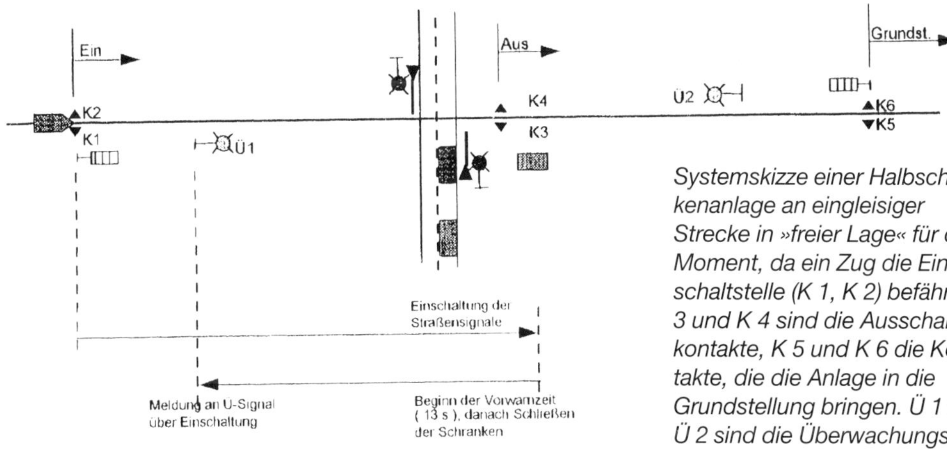

Systemskizze einer Halbschrankenanlage an eingleisiger Strecke in »freier Lage« für den Moment, da ein Zug die Einschaltstelle (K 1, K 2) befährt. K 3 und K 4 sind die Ausschaltkontakte, K 5 und K 6 die Kontakte, die die Anlage in die Grundstellung bringen. Ü 1 und Ü 2 sind die Überwachungssignale für den Lokomotivführer. Zeichnung: DB AG

Heringsdorf, 12. Februar 1997: Der zerstörte Triebwagen der Usedomer Bäderbahn (UBB) im Bahnhof Seebad Heringsdorf. Der Lenker des mit Kies beladenen Lkw rammte im Oktober 1996 den Zug bei Bad Koserow. Er hatte das rote Blinksignal im Warnkreuz mißachtet. Ein Reisender wurde getötet, mehrere verletzt.

Anhalteweg von 203 bis 213 Meter. Ein Triebwagen der Baureihe 628 mit Magnetschienenbremse bringt es auf eine mittlere Verzögerung von 1,2 m/s^2, ein Straßenfahrzeug von 6 bis 8 m/s^2. Ein Schienenfahrzeug braucht etwa den sechsfachen Bremsweg gegenüber dem eines Straßenfahrzeugs. Schon deshalb darf bei der Eisenbahn nur in Ausnahmefällen unter größten Sicherheitsvorkehrungen und mit höchstens 40 km/h auf Sicht gefahren werden.[6]

Ein Lokomotivführer ist gar nicht in der Lage, einen Zug vor einem Hindernis plötzlich zum Halten zu bringen. Aus 160 km/h oder 140 km/h Geschwindigkeit, die der EuroCity bzw. der InterCityNight bei den anfangs erwähnten Ereignissen fuhren, schon gar nicht. Der Lokomotivführer kann und muß mit dem Freisein der Strecke rechnen. Erkennt er jedoch, daß das Straßenfahrzeug vor dem Bahnübergang nicht mehr zum Halten kommt, ist er verpflichtet, alles zu tun, um einen Unfall zu vermeiden oder dessen Folgen zu mindern.

Der Sachverständige stellte für die registrierte Schnellbremsung und den Ort des Zusammenstoßes den Zusammenhang her. Demnach muß der Kleinbusfahrer – wie von einem Zeugen auch geschätzt – etwa 70 km/h gefahren sein. In dem Moment, als der Triebwagenführer bemerkte, der Kleinbus werde nicht anhalten, leitete er die Schnellbremsung ein. In diesem Moment, befand sich der Kleinbus 50 bis 58 Meter vor dem Übergang. Bei einer Fahrgeschwindigkeit von 40 km/h (20 km/h waren erlaubt!) brauchte er 26 Meter Bremsweg, bei 70 km/h reichlich 65 Meter. Aber der Kleinbusfahrer bremste nicht – vermutlich kam in seinem Kopf Schienenverkehr gar nicht mehr vor.

Die Zeitungen hatten durch die Katastrophe ihr Thema. Sie forderten für alle 337 in Schleswig-Holstein technisch nicht gesicherten Bahnübergänge Schranken. Keiner der Journalisten fragte nach dem Verhältnis von Aufwand und Nutzen. Über diese Kreisstraße bewegt sich nur mäßiger Verkehr, nach eigenen Beobachtungen alle Stunde ein Pkw und hin und wieder ein Radfahrer. Trotzdem erhielten sie und der benachbarte, noch schwächer befahrene Überweg 1993 Halbschranken. Doch bald war auch diese Maßnahme nicht mehr ausreichend, denn jetzt entschuldigten die Zeitungen das Verhalten von Kraftfahrern auf derart beschrankten Übergängen in der engeren und weiteren Umgebung. Nun war angeblich das rote Warnlicht so schlecht zu sehen…

Mitunter wird behauptet, die Anlagen wirkten nicht, seien störanfällig, die Züge führen, ohne daß die Kraftfahrer gewarnt

Nicht gestellt vor dem Objektiv der Fernsehkamera in Kietz: Die Halbschranken sind erst halb geöffnet, als ein Transporter losfährt (5. 1995).

würden. Die Nachrichtenagentur dpa vom 1. Januar 1995: »Beim Zusammenstoß eines Zuges Berlin-Lichtenberg – Bad Freienwalde auf dem Übergang über die Bundesstraße 167 bei Altranft sind drei Menschen ums Leben kommen, weil sich die Hauptschranke [gemeint war die Halbschranke - E. P.] erst geschlossen habe, nachdem der Zug den Übergang bereits zur Hälfte passiert hatte. Auch ist die Warnblinkanlage erst angegangen, als der Zug nur noch etwa 30 bis 40 m vom Bahnübergang entfernt gewesen ist.« (Wer hat das gesehen?) Mit der dpa-Nachricht des nächsten Tages kam die Korrektur: »Das Auto hatte trotz eingeschalteter Warnblinkanlage den Übergang überquert.« Vorsorglich leitete die Staatsanwaltschaft Frankfurt (Oder) ein Ermittlungsverfahren gegen Unbekannt ein. Die Deutsche Bahn AG reagierte auf die zweifelnden Zeitungsberichte und lud zur Exkursion nach Kietz ein, um eine solche Halbschrankenanlage vorzuführen.

Die Journalisten konnten dem Presse-

Der Nahverkehrszug nähert sich dem Haltepunkt Schwante (Strecke Velten [Mark] – Kremmen), die Halbschranke schließt. Da versucht ein Pkw-Fahrer, noch über den Übergang zu fahren (11. 1995).

material, durch Mitfahrten auf einer Lokomotive und durch Erklärungen von Fachleuten entnehmen, wie Haltlicht- oder Halbschrankenanlagen funktionieren. In der Regel werden Haltlicht- und Halbschrankenanlagen durch den Zug über einen Gleismagneten ein- und ausgeschaltet. In der Nähe von Bahnhöfen können diese Anlagen auch signalabhängig sein, das heißt, ein Signal läßt sich erst dann auf Fahrt stellen, wenn die Haltlichtanlage rot blinkt, rotes Standlicht zeigt oder die Halbschranken geschlossen sind. Befährt der Zug die Einschaltstelle einer zugbedienten Anlage, werden die Straßensignale eingeschaltet. Gleichzeitig läuten die für Fußgänger gedachten Wecker. Verkehrsteilnehmer haben anzuhalten oder den Gefahrenraum zu räumen. Die Annäherungszeit des Zuges ist so bemessen, daß ein Straßenfahrzeug von höchstens 20 Meter Länge, bei einer Geschwindigkeit von wenigstens 2,8 m/s, das den Bahnübergang beim Aufleuchten der Warnlampen bereits befuhr, diesen noch überqueren bzw. räumen kann. Nach dem Ablauf von 12 Sekunden Vorleuchtzeit senken sich bei Halbschrankenanlagen die Schrankenbäume. Die Senkzeit beträgt 6 Sekunden. Der Zug, der die Streckengeschwindigkeit erreicht, soll nicht früher als 8 Sekunden nach dem abgeschlossenen Schließvorgang am Bahnübergang sein. Folglich dauert die Zeit vom Befahren des Einschaltkontaktes bis zum Bahnübergang 26 Sekunden (12 + 6 + 8 Sekunden).[7] Erst wenn die letzte Achse des Zuges die Ausschaltstelle befahren hat, öffnen sich die Schranken. Mit der Freilage der Schranken werden auch die Straßensignale abgeschaltet.

Die Sicherungsanlagen in den alten und in den neuen Bundesländern unterscheiden sich in einem wesentlichen Punkt: Bei Halbschrankenanlagen an Strecken der ehemaligen Deutschen Reichsbahn erlischt das in das Andreaskreuz einbezogene Blinklicht erst, wenn sich die Schrankenbäume in der senkrechten Stellung befinden. Das hat den Vorteil, daß sie bei mehrgleisigen Strecken in der Bewegung angehalten und zur erneuten Sperrstellung bewegt werden können. Die Schranken zeigen dem Verkehrsteilnehmer, egal ob sie halb oder ganz geschlossen sind, daß der Bahnübergang noch nicht überquert werden darf. Diese Anzeige unterstützt das rote Blinklicht. Für die Deutsche Reichsbahn war diese Schaltung vor allem deshalb von Belang, weil sie weit über 1 000 Meter Kabel einschließlich der Verlegung sparte und die Verkopplung von Anlagen an mehrgleisigen Strecken drastisch senkte.

Diese kostensparende Reichsbahn-Technik für mehrgleisige Strecken wird wegen folgender Grundsätze nicht mehr angewendet:

1. Ein einmal eingeleiteter Öffnungsvorgang muß ohne Unterbrechung zum Abschluß gebracht werden.

2. Von der Einleitung des Öffnungsvorgangs bis zum frühestmöglichen erneuten Schließen der Schranken vergehen 10 bis 14 Sekunden. In dieser Zeit können Verkehrsteilnehmer den Bahnübergang passieren.

Mittlerweile hat das Bundesverkehrsministerium angeordnet, das bis zum Jahre 2 003 alle Übergänge in den neuen Ländern auf die im Westen gebräuchliche Bauart (EBÜT 80) umgestellt werden müssen. Natürlich hat die EBÜT 80 ihre Vorzüge. Sie ist die Fortentwicklung der bisherigen Relaistechnik auf einheitlicher Rechnertechnik mit verschiedenen Baugruppen, die für die unterschiedlichen Anwendungsfälle kombiniert werden können. Muß es jedoch allein deshalb zu der millionenschweren Umstellung kommen? Immerhin sind die zu ersetzenden Alt-Anlagen in den neuen Bundesländern noch brauchbar. Inzwischen ist das Umrüstungsprogramm im vollen Gange, neben den oben genannten Grundsätzen steckt auch der Wunsch nach einem »einheitlichen äußeren Erscheinungsbild« dahinter. Für die Hersteller der EBÜT 80 ist diese Umstellung ein Millionengeschäft, für die Verkehrsteilnehmer bleibt es bei alten wie bei neuen Anlagen dabei: Erst wenn das rote Licht erloschen ist, darf der Bahnübergang begangen oder befahren werden.

Was ist, wenn die technische Anlage gestört ist? Bei signalabhängigen Anlagen läßt sich das Signal nicht auf Fahrt stellen. Der Lokomotivführer wird durch schriftlichen Befehl oder ein Ersatzsignal beauftragt, am haltzeigenden Signal vorbeizufahren, erhält zugleich einen Befehl, der ihn auf die voraussichtlich nicht geschlossene Schranke aufmerksam macht. Bei zugbedienten Anlagen sieht der Lokomotivführer am Signal für Bahnübergänge[8], daß eine Störung vorliegt. In beiden Fällen muß der Zug vor dem Übergang halten. Er darf weiterfahren, wenn der Bahnübergang vom Zugpersonal oder technisch – durch die Hilfseinschalttaste (HET) – gesichert ist. Nur in Ausnahmefällen darf auf diese Vorsichtsmaßnahmen verzichtet werden, wenn die technische Sicherung nicht möglich und der Lokomotivführer allein ist. In solchen Fällen sind die Wegebenutzer durch das Achtungssignal zu warnen, und die Weiterfahrt ist nur mit Schrittgeschwindigkeit gestattet.[9]

Politisch fatale Folgen

Zu einem fatalen Vorgang, der politische Folgen hätte nach sich ziehen können, kam es am 6. November 1993 zwischen Wien-Inzersdorf Ort und Wien-Oberlaa (Donauländebahn der ÖBB), als sich der Staatsbesuch in Person des russischen Premiers Tschernomyrdin der Strecke näherte. Die Zeitschrift »Eisenbahn«, Wien, 1/94, schilderte den Vorgang: »Um 22.24 Uhr passierte der Autokonvoi mit ca. 40 Pkw des Staatsbesuches von einem Empfang in Eisenstadt kommend die Eisenbahnkreuzung der Favoritenstraße/Himberger Straße [...] im 10. Wiener Gemeindebezirk. Nach Durchfahrt des D 347 um 19.23 Uhr war es im Gleisabschnitt zwischen den Bahnhöfen Inzersdorf Ort und Oberlaa zu einer Signalstörung (Rotausleuchtung) gekommen. Nachfolgende Zugfahrten konnten auf Grund des schwachen Verkehrsaufkommens auf dem Gegengleis abgewickelt werden. Um 22.20 Uhr wurde jedoch der Lokzug 86445 (1 044.219) nach Wien-ZVBf. auf dem Plangleis mit Ersatzsignal abgefertigt. Durch einen Handhabungsfehler des Fahrdienstleiters Inzersdorf Ort blieb die technische Sicherung der Eisenbahnkreuzung außer Betrieb, die Nicht-Wirkmeldung blieb darüber hinaus unbeachtet. Bei Erkennen der Gefahr leitete der Lokomotivführer des mit ca. 100 km/h fahrenden Lokzuges eine Schnellbremsung ein und gab wiederholt Achtungssignale, überquerte aber dennoch zwischen dem 3. Pkw (besetzt mit Protokollbeamten) und 4. Pkw (Sicherheitsdienst) die Eisenbahnkreuzung. Der Lenker des 4. Pkw konnte einen Zusammenprall mit der Lokomotive im letzten Augenblick durch eine Vollbremsung verhindern.

Im fünften Wagen saßen der Bundeskanzler und der russische Staatsgast. Auch der Lenker dieses Wagens konnte ein Auffahren auf den vorderen Pkw bzw. Zusammenstoß mit der Lokomotive nur durch ein waghalsiges Bremsmanöver verhindern. Während Tschernomyrdin den Vorfall locker wegsteckte, holte ein leicht geschockter und in höchstem Maße erregter Vranitzky den Generaldirektor der ÖBB per Autotelefon aus dem Bett und informierte ihn über den Vorfall, der unter Umständen die Weltgeschichte hätte verändern können!«

Zurück zum Unfall am Bahnübergang bei Altranft. Die Anlage war nicht gestört. Wäre sie gestört gewesen, hätte der Lokomotivführer den Bahnübergang nur unter Beachtung von Vorsichtsmaßnahmen befahren. Selbst wenn der Lokomotivführer gegenüber der Kriminalpolizei die Störung verschwiegen hätte, der Fahrdienstleiter hätte sie an der Fernüberwachung bemerkt. Dort wird jede Störung von einem Zählwerk registriert. Eher ist davon auszugehen, daß in dieser Silvesternacht der Pkw-Fahrer die Warnlampen mißachtete und die geschlossenen Schrankenbäume umfuhr. Die Aussagen des Lokomotivführers gaben keinen Anhalt für dessen strafrechtliche Verantwortlichkeit. Die Staatsanwaltschaft stellte das Ermittlungsverfahren ein.

Bei der Veranstaltung für die Journalisten in Kietz führte ein Pkw-Fahrer vor, wie man sich »üblicherweise« an Halbschrankenanlagen verhält. Die Schrankenbäume begannen sich einige Zentimeter zu heben, das Warnlicht war noch nicht erloschen, da fuhr er bereits über den Übergang. Er konnte gefilmt werden, genauso wie der Pkw-Fahrer fotografiert wurde, der am 15. Dezember 1995 nahe dem Haltepunkt Schwante (Strecke Velten – Neuruppin) trotz rotem Warnlicht am Andreaskreuz vorbeifuhr. Als er die Kamera sah, legte er sofort den Rückwärtsgang ein und wartete den Zug ab.

Vorsicht und Vernunft sind bei vielen Kraftfahrern nicht sonderlich ausgeprägt. Ihm wird es auch leicht gemacht, denn aus Steuermitteln werden 630 Millionen Mark Investitionen eingesetzt, damit weiter über die Gleise gebraust werden kann. Bis zum Ende des Jahres 2000 sollen mit diesem vom Steuerzahler aufgebrachten Geld die Bahnübergänge auf stark befahrenen Strecken beseitigt, die übrigen erneuert und technisch optimal gesichert werden.[10] Wenn es um Vorrechte des Straßenverkehrs geht, bestehen keine Einschränkungen. Stattdessen wird auch Unsinniges gefordert: Die Bundestagsabgeordnete Lisa Peters aus Buxtehude schlug vor, die Deutsche Bahn AG solle alle Güterwagen an der Seite mit weiß-roten Reflektoren ausstatten. Die Güterzüge sollten für Autofahrer an unbeschrankten Bahnübergängen bei schlechten Witterungsbedingungen besser erkennbar gemacht werden, denn diese Züge seien heutzutage mit Ausnahme der Lokomotive nicht beleuchtet. Nach einigem Nachdenken räumte die Abgeordnete ein, daß eine europäische Regelung notwendig sei. Bundesverkehrsminister Wissmann solle deshalb prüfen, ob nicht europaweit analog zur Regelung bei Lastkraftwagen eine Stichtagsregelung für neue Wagen und eine entsprechende Nachrüstungsregelung für bereits vorhandene Einheiten eingeführt werden könnte. Die Deutsche Bahn AG zeigte sich in einer Stellungnahme überzeugt — ihr können wir zustimmen –, daß dieser Vorschlag »nur Kosten produziert.« Reflektoren seien kein Allheilmittel gegen Unfälle. DB-AG-Pressesprecher Michael Adam regte stattdessen an, das für Reflektoren notwendige Geld lieber in ein »Mehr an Schulung für Autofahrer« zu investieren.

Für solche Investitionen gibt es durchaus Argumente, schrieb doch eine DB-Zeitschrift: »Ein Bauer tuckert mit dem Traktor auf einer Landstraße seinem Gehöft entgegen. An der Kreuzung mit einer Bundesstraße übersieht er das rote Ampelsignal und stößt mit einem Reisebus zusammen. Die Schuld steht außer Frage: Der Bauer hat 'Rot' nicht beachtet. Er kommt zwar mit dem Schrecken und einem Blechschaden davon, erhält aber ein Fahrverbot. Nun ersetzen Sie die Bundesstraße durch eine Bahnstrecke, den Bus durch einen Nahverkehrszug und die Straßenampel durch das Blinklicht am unbeschrankten Bahnübergang. Wem geben, passiert der Unfall hier, die Medien nun die Schuld ...?«

Schrankenwärter bewußtlos geprügelt

Natürlich sind bei tragischen Ereignissen an Bahnübergängen nicht immer nur die Kraftfahrer die Schuldigen. Auch Eisenbahner – nicht nur die der aussterbenden Spezies Schranken- oder Stellwerkswärter – können durch säumiges oder läßliches Verhalten Unfälle verursachen. Freilich treten durch Eisenbahner verursachte Ereignisse an Bahnübergängen in den Unfallstatistiken der Bahn immer seltener auf. Die meisten Bahnverwaltungen treffen seit Jahrzehnten organisatorische und technische Vorkehrungen, um den Schnittpunkt Straße/Schiene zu entscharten. Über- und Unterführungen (also die gleisfreie Kreuzung) sind die

Der Schrankenposten auf dem Bahnhof Golßen (9. 1996). Der Trabantfahrer stand hinter dem Postenhaus und konnte den EuroCity, der in der Richtung des abgebildeten Nahverkehrszuges fuhr, nicht sehen.

beste, aber teuerste Lösung. Wenn auf der Strecke Geschwindigkeiten von mehr als 160 km/h zugelassen werden sollen, sind diese vom Gesetzgeber zwingend vorgeschrieben. Eine andere technische Einrichtung ist die der sogenannten Signalabhängigkeit zwischen Signal und Schranken. Wo diese nicht möglich ist, wird vorgeschrieben, eine Zug- oder Rangierfahrt erst dann zuzulassen, wenn die Schranke geschlossen ist oder dieser Zustand gemeldet wurde. Diese vorgeschriebene oder erzwungene Abhängigkeit findet allerdings nicht die Freude aller Verkehrsteilnehmer, weil sie die Schließzeiten der Schranken verlängert. Gerade auf mehrgleisigen Strecken, wo sich die Schließzeiten für die einzelnen Züge überlagern, entstehen längere Wartezeiten vor den Schranken. Im Zusammenhang mit der Katastrophe von Langenweddingen (Strecke Magdeburg – Halberstadt) am 6. Juli 1967 kam es in der DDR zu neuen Vorschriften für das Bedienen der Schranke, damit zu längeren Schließzeiten, die die Verkehrsteilnehmer verärgerten. Heftige Auseinandersetzungen mit den Schrankenwärtern blieben nicht aus.

Auch in den alten Ländern ist dies kein unbekanntes Phänomen. Ein besonders drastisches Beispiel möge dies belegen: Am 12. August 1959 schloß der Wärter des Postens 9 an der Strecke Beddingen - Salzgitter-Drütte die Schranken am Übergang der Bundesstraße 248. Ein Lkw-Lenker wollte den Übergang noch passieren und das durch mehrmaliges Hupen erzwingen. Der Lkw berührte die sich senkenden Schrankenbäume, ohne daß nennenswerter Schaden entstand. Fahrer und Beifahrer stiegen aus und prügelten den Wärter bewußtlos.

Im Gegensatz zur Schrankenbedienung durch den Wärter, der auch einmal versagen kann, funktionieren zugbediente Bahnübergangsicherungsanlagen. Wenn nicht, wird dies dem Lokomotivführer angezeigt. Gegen das Vergessen der Schrankenbedienung oder das vorzeitige Öffnen, besonders an mehrgleisigen Strecken, scheint hingegen kein Kraut gewachsen zu sein. Strichlisten, auf die Schrankenkurbel aufzusteckende Ringe (für jeden Zug einen) und andere Hilfsmittel erwiesen sich nicht als zuverlässig. Sie sind allenfalls Gedächtnisstützen, keine Sicherungsmittel.

Als am 7. September 1995 der Güterzug 74256 in Richtung Dresden am Schrankenposten des Bahnhofs Golßen (Strecke Berlin – Dresden) vorübergefahren war, öffnete die Schrankenwärterin die die Bundesstraße 96 schützenden Schranken. Ein Fahrer im »Trabant« fuhr los und prallte mit

Bei Herbertingen 1994: Durch die Wucht des Aufpralls wurde der Radbagger vom Zug auf den Kopf gestoßen. Foto: Kripo Sigmaringen

dem EuroCity 172 zusammen, der aus Richtung Dresden mit der Geschwinigdkeit von 153 km/h gefahren kam. Der Autofahrer war sofort tot.

Der Fahrdienstleiter hatte über die Wechselsprechanlage die Wärterin aufgefordert, für Zug 74256 die Schranke zu schließen. Nachdem das geschehen war, beauftragte er sie in gleicher Weise für Zug 172. Als Gedächtnisstütze steckte die Wärterin einen Sicherungsbolzen in die Kurbel, damit diese nicht versehentlich bedient wird, wenn der erste Zug vorübergefahren ist. Die Schranke läßt sich nicht öffnen, wenn der Bolzen steckt. Außerdem werden die Zugnummern in einem Nachweis vermerkt. Sie sollen ebenfalls dort erst gestrichen werden, wenn der jeweilige Zug vorbeigefahren ist. So konnte die Wärterin jederzeit nachsehen, ob sich noch ein Zug ihrem Posten nähert. Das Bahnhofsbuch schreibt auch vor, daß der Bolzen »erst entfernt werden darf, wenn die Fahrten den Bahnhof verlassen haben.« Leichtsinnig gewöhnten sich die Schrankenwärter an, den Bolzen nach der Vorbeifahrt des ersten Zuges zu entfernen. Und am Unfalltag entfernte die Wärterin B. nicht nur den Bolzen, sondern öffnete auch die Schranken.

Diesen Fehlgriff interpretierte die junge Richterin am Amtsgericht Lübben in der mündlichen Urteilsbegründung so: »B. hat einfach vor sich hingearbeitet, ohne die Arbeitsschritte zu beachten.« Mit etwas mehr Einfühlungsvermögen in eine monotone und obendrein schlecht bezahlte Tätigkeit hätte die Richterin auch sagen können, Frau B. hat unüberlegt bzw. routiniert gehandelt. Sie ist ihrem dynamischen Stereotyp gefolgt. Für die Straftat »Gefährlicher Eingriff in den Bahnverkehr« erhielt die Wärterin 6050 Mark Geldbuße. Die beantragte Freiheitsstrafe sprach das Gericht nicht aus. Es ging auch nicht darauf ein, daß dieser Schrankenposten der einzige an der Strecke Berlin – Dresden ist, der ohne eine Abhängigkeit zu den Signalen arbeitet.

Versäumnisse ganz anderer Art führten zu einer Tragödie auf der Schwäbischen Alb. Die Deutsche Bahn hatte eine Würzburger Gleis- und Tiefbaufirma beauftragt, verschiedene Bahnübergänge in Baden-Württemberg instandzusetzen. Dazu mußten der Fahrbahnbelag abgetragen, das Gleis neu geschottert und gestopft sowie ein neuer Fahrbahnbelag aufgetragen werden. Dafür wurden ein Zweiwegebagger und sieben Bauarbeiter eingesetzt. Die Niederlassung Tübingen des Geschäftsbereiches Netz hatte, wie das bei Sperrung von

Streckengleisen vorgeschrieben ist, eine Betriebs- und Bauanweisung (Betra) für die Arbeiten an drei Bahnübergängen zwischen den Bahnhöfen Herbertingen und Sigmaringen (Strecke Ulm – Sigmaringen) aufgestellt. Diese Betra galt vom 9. Juni 1994, 6 Uhr, bis 10. Juni, 17 Uhr, und berücksichtigte auch die Sicherung der Arbeitsstellen durch eine weitere Firma, mit der die Deutsche Bahn einen sogenannten Bestellvertrag abgeschlossen hatte.

Die Sperrung des Streckengleises war schon deshalb notwendig, weil der Vorstand der Deutschen Bundesbahn wegen der schweren Rottenunfälle (siehe 2. Abschnitt) am 29. Oktober 1993 verfügt hatte, daß bei Bauarbeiten im Gefahrenbereich des Gleises das Gleis zu sperren ist. Das heißt, während dieser Arbeiten durften in dem betreffenden Gleis keine Züge verkehren. Der Fahrdienstleiter darf die Gleissperrung erst dann aufheben und Züge ablassen, wenn der in der Betra bestimmte Aufsichtsführende das Ende der Arbeiten und die Befahrbarkeit des Gleises gemeldet hat. So durfte eigentlich nichts schief gehen.

Nun fügte es sich, daß die Baufirma ein Auftragsloch füllen wollte, indem sie eben jene Gleisarbeiten um einen Tag vorzog. Der Juniorchef sprach mit Sch., dem Leiter des Instandhaltungsbezirks, ob man einen Tag früher beginnen könne. Mit Sicherheit sind die Worte »früherer Beginn« nicht gefallen, vielmehr sprach man über die konkreten Wochentage. Bereits bei diesem Gespräch hätte Sch. daran denken müssen, daß die Betra für den gewünschten Tag nicht gültig war. Vielleicht war sie noch nicht bei den Adressaten eingetroffen. Sch. durfte der Baufirma die Verlegung des Bautermins erst zusagen, wenn er mit dem Betra-Bearbeiter der Niederlassung Tübingen des Geschäftsbereichs Netz gesprochen hatte und der ihm bestätigte, daß der Termin in der Betra geändert wird. Der neue, vorgezogene Termin war den Beteiligten bekanntzugeben, auch der Firma, die die Sicherungsposten stellen sollte.

Ob Sch. bewußt die Sache mit der Betra verdrängte, weil er ahnte, daß derart kurzfristig der Termin nicht geändert werden konnte und er das Angebot der Baufirma hätte ablehnen müssen, konnte in der Hauptverhandlung vor der 2. Strafkammer am Landgericht Ravensburg nicht geklärt werden. Sch. setzte sich nicht einmal mit den Leitern der Bahnhöfe Sigmaringen und Mengen (die gab es damals noch) in Verbindung, damit wenigstens die Fahrdienstleiter informiert waren. Sch. sagte der Firma die Verlegung des Arbeitsbeginns zu und rief am Nachmittag des 6. Juni den Bauwart E. an, er solle mit der Hilfskraft A. am 8. Juni an dem entsprechenden Bahnübergang sein.

Dort stellte E. fest, daß keine Sicherungsposten anwesend waren und daß keine Betra vorlag. Daß das Gleis gesperrt werden mußte, wußte er, denn er hatte die genannte Weisung des Bahnvorstands mit seine Unterschrift zur Kenntnis genommen. Umso verwerflicher war es, daß sich E. auf das verhängnisvolle Improvisieren einließ. Warum? Diesen Eifer hätte man bei der Deutschen Reichsbahn bis 1989 damit erklärt, man habe die Planerfüllung nicht gefährden und keineswegs ein Hemmschuh sein wollen. In diesem Falle mag es aber der Ärger mit dem oder den Vorgesetzten gewesen sein, den E. vermeiden wollte. Deutlich wurde das im Gerichtssaal, wo Sch. trotz der Enge auf der Anklagebank stets darauf bedacht war, den angemessenen Abstand zu den beiden Mitangeklagten einzuhalten. Auch die stete Körperdrehung weg von seinen Mitarbeitern zu den Zuschauern hin, sagte viel über das Verhältnis von Vorgesetztem und Untergeordneten. Während der Vernehmung des angeklagten Bauwarts E. kam auch zur Sprache, warum er Sch. nicht auf die Unzulänglichkeiten aufmerksam gemacht hatte: »Sch. sagte immer, 'ihr sollt nicht denken, sondern arbeiten.' Wir Arbeiter haben nichts zu sagen.« In einem solchen Klima gedeihen weder Kritik noch Verweigerung, wie sie im Interesse der Sicherheit notwendig gewesen wären.

E. bestimmte A. zum Mithören der Zugmeldungen vom Streckenfernsprecher aus. Den Fahrdienstleitern wurde dieses Mithören («Schwarzhören«) nicht einmal mitgeteilt. Vielleicht fürchtete er, einer von ihnen hätte vielleicht pflichtbewußt sowohl Gleissperrung als auch die Arbeiten an den Bahnübergängen abgelehnt.

Zunächst arbeitete die Gruppe am Bahnübergang in Kilometer 87,130. Gegen 10 Uhr wechselte sie zum Bahnübergang in Kilometer 84,998. Bis zum Unfall um 11.24 Uhr verkehrten zwischen Mengen und Sigmaringen fünf Züge. A. hörte die Zugmeldungen mit, die aus dem Anbieten und Annehmen und aus der Meldung über die voraussichtliche Abfahrt des Zuges bestand. In der Fahrtrichtung Mengen – Sigmaringen befuhr der Zug den Bahnübergang etwa drei Minuten nach der voraussichtlichen Abfahrtszeit, in der Gegenrichtung drei Minuten vor der Ankunftszeit in Mengen. In dieser Zeit fuhren die Züge um 10.04, 10.27, 10.49, 11.05 und 11.09 Uhr vorüber. Viel Zeit für die Bauarbeiten blieb nicht, wenn man berechnet, daß geraume Zeit vor der Vorbeifahrt Bagger und Arbeiter das Gleis räumen müssen.

Um 11.17 Uhr meldete der Fahrdienstleiter in Mengen den Zug 3354 mit der voraussichtlichen Abfahrt 11.21 Uhr dem Fahrdienstleiter in Sigmaringen. Sch., der in der Nähe des Streckenfernsprechers stand, hörte weder das Rufzeichen des Außenweckers noch nahm er diese Zugmeldung zur Kenntnis. Bei der Vernehmung im Gerichtssaal sagte der Bauwart E., er habe darauf nicht geachtet, vielleicht hatte der Zug Verspätung. In dieser Zeit nahm der Bagger »einige Krümel auf«. Plötzlich sah E., daß die roten Lampen der Warnlichtanlage blinkten. Er brüllte und gestikulierte: »Sofort raus!« Dann gab es einen Krach, der Steuerwagen des Zuges 3354 war mit dem

Beim Zusammenstoß entgleiste der Steuerwagen des Zuges.
Foto: Kripo Sigmaringen

Bagger zusammengestoßen.

Wie erlebte der Triebwagenführers die Katastrophe? Er sah den Bagger und E., der mit Kreissignal »Halt« gab, etwa 150 Meter vor dem Bahnübergang. Sofort leitete er die Schnellbremsung ein. Da der Zug mit einer Geschwindigkeit von 100 km/h fuhr, benötigte er, die Reaktionszeit des Triebwagenführers berücksichtigend, einen Bremsweg von 330 Metern, der jedoch nicht zur Verfügung stand. Mit etwa 90 km/h prallte er auf das Hindernis. Der Baggerfahrer hatte noch versucht, das Gleis zu verlassen. Da er bei der Rückwärtsfahrt gegen einen Lichtmast gestoßen und beim Versuch, vorwärts zu fahren, mit einem Rad in einem Kabelschacht eingebrochen war, saß er fest. Durch die Wucht des Zusammenpralls wurde der Bagger zur Seite geschleudert, 20 Meter mitgerissen und blieb mit den Rädern nach oben liegen. Zuvor hatte der Zug das Fahrerhaus abgerissen, der Baggerfahrer wurde getötet.

»Ich habe mich sicher gefühlt...«

Viel Zeit wurde in der zweitägigen Gerichtsverhandlung verwendet, um zu klären, wieso A. das Läuten des Weckers nicht gehört haben will, aber auch, wieso sich Sch. und E. – gerade nach den tragischen Unfällen im Gleisbereich – über die Anordnung ihres Vorstandes hinweggesetzt hatten. E. auf Vorhalt des Vorsitzenden Richters, warum er das Gleis nicht sperren ließ: »Ich habe die Arbeiten einstellen lassen, wenn ein Zug in Sigmaringen wegfuhr.« (??) Vorsitzender: »Ich habe erneut den Eindruck, Sie haben nur improvisiert.« E.: »Nur an diesem Tage, für den nächsten lag ja die Betra vor. Ich habe mich sicher gefühlt. In den paar Minuten kann garantiert nichts passieren.«

Sch., der den Bauarbeiten zugestimmt hatte, ohne an die Sicherungsmaßnahmen zu denken, bemühte sich um einen guten Eindruck vor den Richtern: »Ich habe nicht daran gedacht, daß die Betra noch nicht galt. Ich ging von der Gleissperrung aus. Es gibt zu ihr keine Alternative. Die Verfügung war ja noch warm. Über sie haben wir genügend diskutiert.« Vorsitzender, nachdem zur Sprache kam, daß Sch. für wenige Minuten an der Baustelle erschien: »Haben Sie E. gefragt, ob das Gleis gesperrt ist?« Sch.: »Das frage ich immer...« Der Vorsitzende: »Ihre Frage hätte doch bei E. einen Widerspruch hervorrufen müssen!« Der Zuhörer gewann den Eindruck, der Besuch an der Baustelle genügte nur formal einer Pflicht, eben da gewesen zu sein.

Der Außenwecker könne, wenn auch nur einmal, versagt haben, war die These eines Verteidigers. Theoretisch möglich, gleichwohl wahrscheinlich ist, daß A. und Sch. beim Lärm, den der Bagger verursachte, oder durch nachlassende Konzentration den Ruf überhört hatten. Ein Zeuge, der zu dieser Zeit in der Nähe der Beiden gestanden hatte, sagte aus: »Ich habe den Ruf gehört!« Er sah A. nach dem Zusammenstoß mit einem Schock neben der Fernsprechbude. Der Vorarbeiter R. soll noch gerufen haben: »Das Gleis war doch gesperrt!« Das war es eben nicht, weshalb ein versagender Außenwecker als möglicher Schuldiger bei der Frage nach den Verantwortlichen für diese Tragödie ganz bedeutungslos ist. Der Staatsanwalt forderte, alle drei Angeklagte zu bestrafen, und zwar Sch. zu 4000 Mark Geldstrafe, E. zu acht, A. zu sechs Monaten Freiheitsstrafe bei zweijähriger Bewährungszeit, zusätzlich als Bewährungsauflage 4000 Mark für E. und 5000 Mark für A. Sch. erhielt vom Gericht eine Verwarnung und 2000 Mark Geldbuße, E. und A. wurden antragsgemäß verurteilt - die Verteidiger hatten übrigens Freispruch beantragt.

Das Ereignis könnte genausogut im 2. Abschnitt behandelt werden, ging es doch hier um die unzureichende Sicherung einer Baustelle, die einer der Beteiligten mit dem Leben bezahlen mußte. Hier aber waren am Bahnübergang ein Zug mit seinen Reisenden und Eisenbahnern betroffen. Die Agenturmeldung erweckte dagegen den Eindruck, als habe ein Baggerfahrer den nahenden Zug nicht beachtet: »Bei der Kollision eines Schienenbusses mit einem Radbagger ist [...] auf einem unbeschrankten Bahnübergang im Landkreis Sigmaringen der Baggerführer getötet worden. Drei Fahrgäste erlitten schwere, 15 weitere Insassen leichte Verletzungen...

[1] *Die Deutsche Reichsbahn verwendete den treffenderen Begriff Wegübergang (WÜ) an Stelle von Bahnübergang (BÜ).*

[2] *Bei der DB war und bei der DB AG ist jeder Bahnübergang gesichert, bei Haltlicht-, Halb- und Vollschranken ist er technisch gesichert, während die DR unbeschrankte bzw. nicht durch Personal gesicherte Bahnübergänge als ungesichert bezeichnete.*

[3] *Mitteilung der Staatsanwaltschaft Chemnitz (500 Js 17177/95) vom 19. Juli 1996*

[4] *EVB = Verkehrsbetriebe Elbe-Weser*

[5] *Induktive Zugsicherung, die den Zug nach Vorbeifahrt am haltzeigenden Signal zwangsweise zum Halten bringt, vorausgesetzt, die Strecke ist mit Indusi-Gleismagneten ausgerüstet.*

[6] *Die Züge fahren im Normalfall im Raumabstand, das heißt, in der Regel darf sich immer nur ein Zug im von Haltsignalen geschützten Blockabschnitt befinden.*

[7] *Werte nach § 12 DS 815 der DB; bei der DR wichen die Werte um Sekunden ab.*

[8] *Signal Bü 0 auf den Strecken der ehemaligen Deutschen Bundesbahn, Signal So 16 b auf den Strecken der ehemaligen Deutschen Reichsbahn.*

[9] *§ 53 der Fahrdienstvorschrift der Deutschen Bahn AG in der Fassung der 11. Berichtigung.*

[10] *1991 war von 20 020 Bahnübergängen bei der Deutschen Bundesbahn jeder zweite technisch gesichert, bei der Deutschen Reichsbahn waren es von 10 280 Bahnübergängen 39 Prozent.*

2. Der Tod im Gleis

Vom gefährlichen Leben der Bauarbeiter

In einem Gleis zu arbeiten, das von Zug-, Rangier- und Kleinwagenfahrten befahren wird, ist riskant. Deshalb gibt es bei jeder Bahnverwaltung verschiedene Vorschriften, die der Arbeitssicherheit dienen, z. B. die Pflicht, beim Aufenthalt im Gleis auffällig gefärbte Westen oder Jacken zu tragen, nur mit Sicherungsposten und mit Warngeräten zu arbeiten, Gruppen von Gleisbauarbeitern (sogenannten Rotten) in das fernmündliche Zugmeldeverfahren (»Zugmelderotten«) einzubeziehen oder sogar das Gleis für jeden Fahrverkehr zu sperren, bevor in ihm oder in dessen Gefahrenbereich gearbeitet werden soll.

Besonders restriktive Vorschriften kannte die Deutsche Reichsbahn, weil getötete oder verletzte Werktätige nicht als Berufsrisiko abgetan werden durften. Die Unfallzahlen waren verhältnismäßig klein, was G. vom Bundesbahn-Sozialamt bewog, während einer Arbeitsberatung 1993 in Frankfurt (Main) zu behaupten, bei der Deutschen Reichsbahn seien die tödlichen Arbeitsunfälle nicht vollständig erfaßt worden. Bei ihr hätte es nicht einmal eine Definition für solche Unfälle gegeben. Abgesehen von der Unterstellung (Geschönte Berichte sind nicht das Markenzeichen einer bestimmten Gesellschaftsordnung, aber Arbeitsunfälle leichtfertig behandelt zu haben, kann man weder der DDR noch der Deutschen Reichsbahn vorwerfen), hatte G. überhaupt keinen Anlaß, verächtlich über die Arbeitssicherheit der anderen deutschen Bahnverwaltung zu sprechen. Zwischen 1992 und 1994 erreichte die Zahl der getöteten Eisenbahnbauarbeiter ein solches Maß, daß sie zum Thema der Nachrichtenmagazine und Fernsehsendungen wurden. Um es vorweg zu nehmen: Auch 1995 und 1996 waren unter den im Gleis Arbeitenden wieder Tote zu beklagen, nur waren derartige Unfälle nicht mehr der Schwerpunkt. Die Eisenbahn-Unfallkasse gab 27 Unfalltote für 1994 an, 1995 waren es nur noch 17, darunter sieben auf dem Weg von und zur Arbeit, vermutlich Unfälle im Straßenverkehr. Allerdings blieb die Meßzahl Unfallhäufig-

Mit dem Mehrklang-Signalhorn warnt der Sicherungsposten die Bauarbeiter. Ein zunehmend untaugliches Arbeitsmittel, denn die Züge sind schneller und die Baustellen lauter geworden. Foto: ZBDR/Hein

Personalunfälle bei der Deutschen Bahn AG 1994 und 1995*

Jahr	1994	1995
Zahl der Beschäftigten	348860	312510
Gesamtzahl an Unfällen	17800	20166
davon Wegeunfälle	3021	2942
Unfälle je 1000 Eisenbahner		
im Bereich Bahnbau	8,7	7,4
im Bereich Werke	7,7	7,0
im Bereich Ladungsverkehr	5,1	6,2
Zugbegleiter im Nahverkehr	6,8	7,1

* In der DDR bzw. bei der DR wurde in Bahnbetriebsunfälle und Arbeitsunfälle unterschieden.

keit zu jeweils 1000 Versicherten pro Monat gleich: 4,8 (siehe auch Tabelle).

Am 10. Dezember 1992 sollte im Bahnhof Bad Oldesloe an einer in Richtung Hamburg hinter dem Bahnsteig liegenden Weiche eine Schwelle ausgewechselt werden. Weil für das Anheben des Gleisrostes Winden vorgesehen waren, hatte man von 23.30 Uhr an die Sperrung des Gleises vorgesehen. Anderthalb Stunden vorher jedoch fuhr EuroCity 181 Kopenhagen -Hamburg in die nur mit einem Sicherungsposten gesicherten Bauarbeiter, von denen sechs und der Sicherungsposten (!) ums Leben kamen. Sie waren mit den Vorarbeiten beschäftigt gewesen, und der Sicherungsposten hatte kein Signal gegeben.

Im nächsten Jahr begann eine Serie von gleichen oder ähnlichen Unfällen. Am 12. Juli erfaßte auf dem Bahnhof Wolfgang (Strecke Fulda - Hanau) ein Zug zwei Gleisbauer in den Gleisen, die ihre Arbeit bereits beendet hatten und vielleicht deshalb unaufmerksam die Warnsignale des Sicherungspostens überhört hatten.

Abermals auf dieser Strecke, in Hailer-Meerholz, wurde der ICE »Johannes Brahms« am 29. September 1993 zwei Gleisbauarbeitern zum Verhängnis. Hier sollten Schienen ausgewechselt werden. Die Betra hatte dafür die Sperrung des Gleises vorgeschrieben. Doch zuvor begannen die Bauarbeiter mit den Vorarbeiten im nicht gesperrten Gleis. Ein Sicherungsposten sicherte die Rotte. Die Arbeitsaufsicht der Baufirma schickte zwei Gleisbauarbeiter zu einem Baufahrzeug im Bahnhof, wo sie Werkzeug holen sollten. Dazu liefen die beiden im nicht gesperrten Gleis, noch dazu in der Fahrtrichtung des Zuges (entgegen der Fahrtrichtung hätten sie den Zug gesehen). Sie wurden von ihm erfaßt. Vermutlich hatten sie nicht einmal das Achtungssignal des Zuges oder die Warnung des Sicherungspostens gehört.

Am 4. Oktober gab im Bahnhof Bettmar (Strecke Braunschweig – Hildesheim) der Sicherungsposten der Rotte mit Hilfe des Drucklufthorns die Warnung, daß sich ein Zug nähert, was bedeutete: Gleis und Gefahrenraum sind unverzüglich zu verlassen. Zwei Arbeiter hoben die Hände, sollte heißen: Wir haben verstanden. Statt dessen hätten sie das Gleis verlassen sollen. Denn wenige Augenblicke später erfaßte sie der Eilzug aus Magdeburg und tötete sie.

Der rettende Signalton kam zu spät

Der bereits erwähnte ICE »Johannes Brahms« war es auch, der am 24. April 1994 auf dem Bahnhof Emmendorf

(Strecke Lüneburg – Celle) auf eine Rotte zufuhr, die dabei war, eine Schienenauswechslung vorzubereiten, indem sie 45 Minuten vor der durch die Betra angeordneten Gleissperrung zwei Schraubmaschinen zur Einsatzstelle brachte. Einige der 17 Arbeiter, die sich im Gefahrenbereich befanden, konnten rechtzeitig zur Seite springen, einer wurde jedoch getötet. »Der Rottenführer habe zwar noch im letzten Moment den ICE in einer langgestreckten Kurve nahen sehen und den Signalposten warnen können«, so die Angaben der Kriminalpolizei laut dpa, »für den 56jährigen jedoch kam der rettende Signalton zu spät.« Der Sicherungsposten war von einem bahnexternen Unternehmen gestellt worden. Keiner der Rottenarbeiter hatte ein Warnsignal des Außenpostens gehört.

Am 26. Juni 1994 reagierte ein bei der Elektrifizierung auf dem Bahnhof Wartha (Strecke Eisenach – Bebra) eingesetzter Monteur zwar auf das Warnsignal des Sicherungspostens, beachtete aber nur den Güterzug und nicht den entgegenkommenden Intercity. Er wurde getötet.

Eine Diesellokomotive überrollte am 14. September 1994 auf dem Rostocker Hauptbahnhof zwei Eisenbahner, die mit Propangasflaschen in den Gleisanlagen unterwegs waren. Der Lokomotivführer hatte die beiden nicht gesehen, weil er sich auf andere Gleisbauarbeiter konzentrierte. Sicherungsposten waren nicht eingesetzt, handelte es sich doch angeblich um Einzelarbeiter, für die solche Sicherheitsmaßnahmen nicht vorgesehen sind.

Zwischen Anfang 1991 und Ende April 1994 sind bei 61 Unfällen, die sich bei Gleisbauarbeiten ereigneten, 59 Menschen getötet, 17 schwer und 14 leicht verletzt worden. Das ergab die Unfallstatistik, die die Deutsche Bahn AG am 23. Juni 1994 dem Verkehrsausschuß des Bundestages vorlegen mußte. Die Analyse führte die Unfälle auf »Fremdverschulden von Einzelpersonen« und auf »Eigenverschulden«[11] zurück. Der Bundestags-Verkehrsausschuß erörterte, warum vor allem Mitarbeiter mit langjähriger Eisenbahnererfahrung »die Sensibilität gegenüber den Gefahren im Gleisbereich zu verlieren scheinen, in unerklärlicher Weise bewährte Verhaltensformen verlassen und zu Schaden kommen.« Dieses Problem müsse vertieft arbeitsmedizinisch untersucht werden. Als dieses gewünscht oder gefordert wurde – über ein Ergebnis wurde bislang nichts bekannt –, hatte der Vorstand der Deutschen Bahnen durch eine Verfügung im Oktober 1993 bereits angeordnet, Bauarbeiten nur noch in gesperrten Gleisen zuzulassen, was merkwürdigerweise auf die Skepsis derjenigen stieß, die geschützt werden sollten bzw. denen Sicherungsposten keine Garanten »absoluter« Sicherheit waren. Der Vorstand griff letztlich auf eine Vorsichtsmaßnahme zurück, die bis 1990 bei der Deutschen Reichsbahn üblich war, bis sehr schnell auch deren Vorschriften denen der Deutschen Bundesbahn anzupassen waren.

Das gesperrte Gleis ist kein Allheilmittel

Daß das gesperrte Gleis kein Allheilmittel gegen die Gefahren des Zugverkehrs ist, zeigt der Unfall in Markt Einersheim am 11. April 1994. In diesem, an der zweigleisigen Hauptbahn Fürth (Bay) – Würzburg gelegenen Bahnhof begannen die Vorarbeiten für die Instandsetzung der Weiche 2. Um 7.46 Uhr erreichte ICE 987 den Bahnhof aus Richtung Würzburg und dabei die Weiche 2, in der die Rotte tätig war. Die Schnellbremsung des Triebwagenführers kam zu spät, der Zug tötete drei Bauarbeiter. Der Fahrdienstleiter wollte das Gleis 2, in dem sich die Weiche 2 befindet, für den Zugverkehr sperren und hatte dazu den Selbststellbetrieb[12] zurückgenommen, irrtümlich jedoch das Gleis 1 gesperrt. Die sonst die Arbeit eines Fahrdienstleiters erleichternde Automatik wirkte sich für die Sicherheit der Bauarbeiter verhängnisvoll aus. Der Fahrdienstleiter bedient ein im Empfangsgebäude eingerichtetes Drucktastenstellwerk[13]

Zeitung für Stadt und Kreis
DIE KITZINGER
Dienstag, 12. April
Nummer 83 / 1994
164. Jahrgang

Einer Heimatzeitung war der Rottenunfall von Markt Einersheim einen Aufmacher wert.

der Bauart DrS 2 aus dem Jahr 1953. Ein solches Stellwerk, wie fast alle Gleisbildstellwerke, erfordert keine Fahrwegprüfung durch Augenschein, bevor eine Zugfahrt zugelassen wird. Vielmehr kontrolliert die Gleisfreimeldeanlage (Gleisstrom- oder Achszählkreis) ständig die Befahrbarkeit der Gleise und läßt die – gesicherte – Fahrstraße nur zu, wenn die entsprechenden Gleise frei von Fahrzeugen sind. Beim mechanischen Stellwerk ohne Gleisfreimeldeeinrichtung (bei der Deutschen Bundesbahn gab es nur wenige mechanische oder elektromechanische Stellwerke ohne diese Sicherheitseinrichtung) darf der Wärter bzw. Fahrdienstleiter eine Zugfahrt erst zulassen, wenn er sich »durch Augenschein« davon überzeugt hat, daß das Gleis frei ist (siehe auch 3. Abschnitt).

Von seinem Platz hat der Fahrdienstleiter in Markt Einersheim keine Sicht auf die Weiche 2. Nur wenn er sich stehend weit über den Stelltisch gebeugt hätte, hätte er durch ein Fenster und die Überdachung

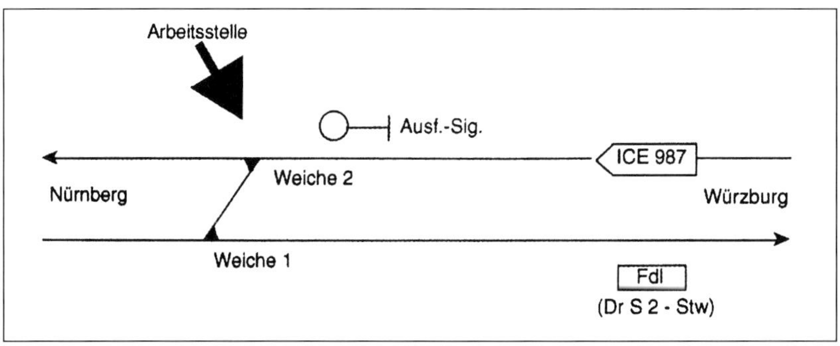

Fatal in Markt Einersheim: Gleis 1 statt Gleis 2 gesperrt. Zeichnung: DB AG

des Vorbaus den Weichenbereich sehen können. Aber das brauchte er im Gegensatz zur »Stellwerkstechnik aus Kaisers Zeiten« (wie eine Bahnzeitschrift 1996 verächtlich über mechanische Stellwerke schrieb) nicht. Bei ihr hätte er, bevor er eine Zugfahrt zuläßt, aus dem Raum treten und über das Gleis sehen müssen. Sicherlich hätte er bemerkt, daß die Bauarbeiter in dem Gleis arbeiten, für das er die Zugfahrt zulassen wollte. Der Hinweis in einer bahninternen Publikation, der Fahrdienstleiter hätte Sperrkappen auf den Tasten der Weiche 2, der Ausfahrzieltaste und der Einschalttaste für den Selbststellbetrieb anbringen müssen, mag den Vorschriften entsprechen, absolute Sicherheit garantieren diese Verhaltensanforderungen nicht, weil sie nicht zu einem bestimmten Verhalten zwingen. Die Kappen können auch auf die falschen Tasten gesteckt werden. Das Merkschild »Gleis gesperrt« ist nichts weiter als eine Gedächtnisstütze, die den Irrtum nicht heilt. Den Fahrdienstleiter belegte das Amtsgericht Kitzingen mit einem Strafbefehl - eine glimpfliche Reaktion nach drei Toten, aber bei Fahrlässigkeitsstraftaten werden die Folgen nur bedingt berücksichtigt.

Die Staatsanwaltschaft prüfte übrigens auch, ob der Triebzugführer die Möglichkeit hatte, vor der Baustelle anzuhalten. Zulässig war eine Geschwindigkeit bis zu 150 km/h. Tatsächlich fuhr der ICE 137 km/h, als der Führer aus 420 bis 450 Metern Entfernung die Rotte sah – der Bahnhof liegt in einem Bogen; außerdem braucht der Triebfahrzeugführer Klarheit, ob sich die Rotte tatsächlich in seinem Fahrweg befindet. Sie konnte ja genausogut im Nachbargleis arbeiten. Er will sogleich ein Achtungssignal gegeben haben, zumindest läßt sich das Einsetzen der Schnellbremsung auf dem Registrierstreifen der Indusi nachweisen. Der Bremsweg betrug 630 Meter. Der Triebzugführer konnte den Unfall nicht vermeiden. Ebensowenig der Sicherungsposten, der den Zug ebenfalls in einer Entfernung von 450 Metern sah.

Die Fahrzeit bis zur Baustelle betrug 13 oder 14 Sekunden, zu wenig für ein Warnsignal und die zum Verlassen des Gleises notwendige Zeit zuzüglich der Reaktionszeiten. Obendrein war der Sicherungsposten nicht verpflichtet, in Richtung Würzburg nach Zügen Ausschau zu halten; er konnte doch vom gesperrten Gleis ausgehen. Andererseits beweisen die Berechnungen, wie fragwürdig andere Sicherungsmittel sein können. Am sichersten ist das gesperrte Gleis.

Etwa 400 m vor der Weiche 2: Der Führer des ICE hatte vorher keine Sicht auf die Baustelle. Foto: Peide

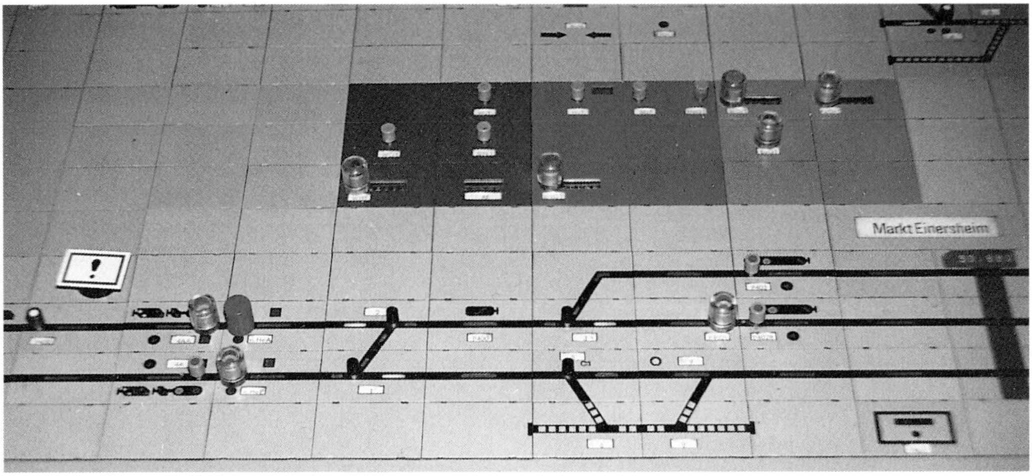

Die Stelltafel des Drucktastenstellwerks DrS 2 vom Baujahr 1953. Der Selbststellbetrieb ist im abgeschalteten Zustand durch eine Hilfssperre (rot) zu sichern. Das Warnschild weist auf die Besonderheit hin.
Foto: Peide

Beim Rückbau von Gleisen und der Oberleitung im Bahnhof Gnadau (Strecke Halle – Magdeburg) wurden am 13. Oktober 1994 Betonierungsarbeiten für ein neues Bahnsteigfundament ausgeführt. Obwohl der Sicherungsposten vor einem Zug warnte und verabredet war, darauf die Arbeit zu unterbrechen, hielt sich ein Arbeiter nicht daran, sondern geriet vielmehr in den Gefahrenbereich des Nachbargleises. Die Lokomotive des vorbeifahrenden Zuges erfaßte ihn, einige Meter weiter blieb er schwer verletzt liegen. Das Versäumnis war auch hier, daß entgegen der erwähnten Vorstandsverfügung im Gefahrenbereich eines nicht gesperrten Gleises gearbeitet worden ist.

Die Unfallserie nutzten verschiedene Firmen und Erfinder, der Bahn die verschiedensten Sicherungsmittel anzubieten. Obwohl »dringender Handlungsbedarf bestand«, mußten die Fachleute der Bahn vorsichtig bleiben, was ihnen angesichts massierter Rottenunfälle nicht gerade Anerkennung einbrachte. Was von den Warngeräten in die engere Wahl kam, mußte erprobt werden. Die Rottenwarnanlagen funktionieren mit Hilfe von an den Schienen angebrachten Kontaktstellen, so daß es praktisch nicht zum Ausfall von Warnungen kommt, wie das beim Sicherungsposten immer möglich ist. Die Schweizerischen

Von seinem ständigen Arbeitsplatz vor der Stelltafel sah der Fahrdienstleiter nichts von der Baustelle.
Foto: Peide

Die Gleisbauarbeiter in der Weiche 2 konnte der Fahrdienstleiter nur richtig sehen, wenn er sich vor den Dienstraum begab.
Foto: Peide

Bundesbahnen hatten 140 solcher Anlagen mit Erfolg eingesetzt. Bei der Deutschen Bundesbahn war die Automatische Rottenwarnanlage ARW 5/2 bereits im Sommer 1988 bei Teisendorf (Strecke Rosenheim - Salzburg) und auf einer Baustelle im Sterbfritztunnel (Strecke Würzburg – Fulda) von August 1988 bis Mai 1989 getestet worden. Bis 1993 wurden alle Bundesbahndirektionen mit einem Grundstock der ARW 5/2 - für Großbaustellen! – ausgerüstet. Inzwischen bedienen sich auch einige Sicherungsfirmen solcher Anlagen. Nicht jeder Einfall zur Sicherung von Baustellen ist tauglich. Ein vom Zug ausgelöster Pieper im Schutzhelm hilft nicht, wenn der Helm abgelegt wurde. Warngeräte, die auf Erschütterungen der Schienen reagieren, werden zu Unzeiten tätig, wenn beispielsweise ein Zug im gefahrfreien Nachbargleis Ursache der Erschütterungen ist. Nahezu ungelöst ist die technische Sicherung bei wandernden Baustellen, weil das ständige Verlegen der Kontaktstellen im Gleis sehr aufwendig ist. Trotzdem bleibt der Vorwurf, daß die Sicherheit der Gleisbauarbeiter dort vernachlässigt wurde, wo nicht schneller als 160 km/h gefahren werden darf und wo die Arbeitsstelle nicht als Großbaustelle eingestuft wurde. Dort galten noch die antiquierten Sicherungsmittel und der Verlaß auf Sicherungskräfte von Fremdfirmen, mögen sie kosten, was sie wollen- Hauptsache, der Vorschrift war Genüge getan.[14] Ein Bahnsprecher räumte 1993 ein, daß die Züge leiser und schneller, die Baustellen aber lauter geworden seien.

Zwei Eisenbahnergewerkschaften forderten mehr Sicherheit an Gleisbaustellen. Da bei der Deutschen Bundesbahn seit Beginn der achtziger Jahre in den meisten Fällen auf Sicherungsposten und auf Bauarbeiter nicht von Bahndienststellen, sondern von bahnexternen Sicherungsunternehmen zurückgegriffen wurde, machte die Parole von der mangelhaften Qualifikation »dieser Leute« die Runde. Eine Gewerkschaft verlangte die schnelle Einführung moderner Technik und den Einsatz qualifizierter Eisenbahner als Sicherungsposten. Daß »kaum ausgebildet für die verantwortungsvolle Tätigkeit im Gleis die vielleicht ein paar Tage zuvor durch Zeitungsanzeigen geworbenen Sicherungsposten von privaten Unternehmen beschäftigt [werden]«, bezeichnete die Gewerkschaft der Eisenbahner

Menschliches Versagen?

Heinz Dürr, Vorstandsvorsitzender der Deutschen Bahn AG, soll dem Gesamtbetriebsrat im Mai 1994 zugesichert haben: »Die Sicherungsposten müssen als eigene Leute zurück zur AG.« Auch wollte Dürr alle Sicherheitsfirmen noch einmal anschreiben, daß »sie bei Sicherheitsfehlern für zehn Jahre aus dem Geschäft sind.« Nachdem kaum noch Unfälle bei Gleisbauarbeitern bekannt wurden, erfuhr man auch nichts mehr von ein- oder wiedereingestellten Sicherungsposten oder von Sicherheitsfirmen, denen die Aufträge entzogen worden waren.

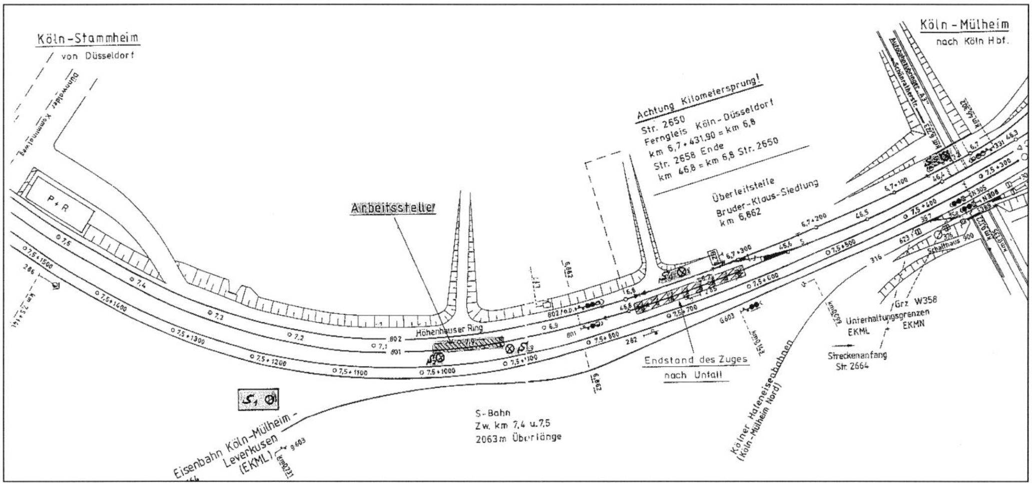

Lage der Arbeisstelle zwischen Köln-Stammheim und Köln-Mülheim. Dabei bedeuten: S_1 Standort des Außenpostens und späteren Angeklagten, S_2 Standort des Sicherungspostens und späteren Angeklagten, S_3 Standorte eines weiteren Sicherungspostens, $S_{4, 5}$ Standorte von Sicherungs- und von Außenposten für Züge der Gegenrichtung
Zeichnung: DB

Deutschlands als unhaltbaren Zustand. Das war jene Gewerkschaft, die jeder Ausgründung bei der Deutschen Bahn zustimmte. Die Fremdfirmen trugen wenig dazu bei, ihr Ansehen zu polieren. Auf Nachfragen zur Qualifikation ihrer Mitarbeiter verwies der wichtigste Partner der Deutschen Bahn, eine Firma am Niederrhein, auf den Hausjustitiar.

Dürrs Drohung in die Tat umzusetzen wäre auch nach jenem Unfall nicht möglich gewesen, der am 12. Oktober 1991 gleich einem Paukenschlag die Unfallserie einleitete. Er bietet aber Gelegenheit, über die Belastbarkeitsgrenzen von Sicherungsposten nachzudenken, ganz gleich, ob es sich um Eisenbahner oder Fremdkräfte handelt. Mensch bleibt Mensch. Da half das von Paragraphen gespickte Gutachten eines Ober-

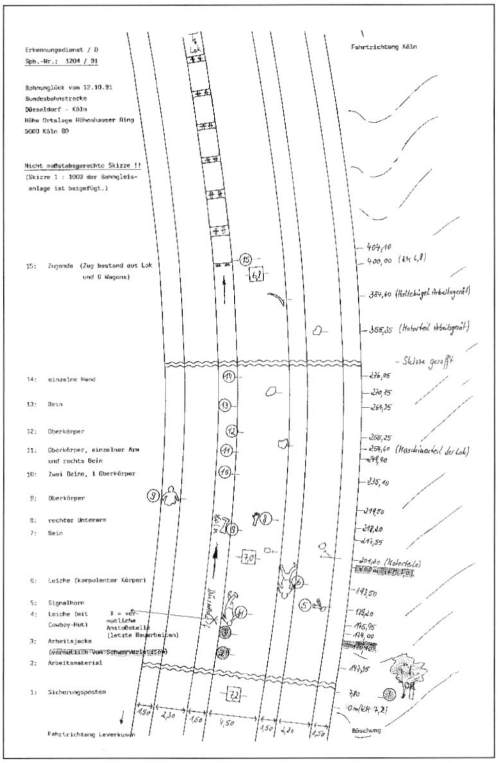

Diese Skizze veranschaulicht das schreckliche Bild an der Unfallstelle.
Zeichnung: Kriminalpolizei Köln

baufachmanns der Bundesbahndirektion Essen auch nicht weiter. Zwischen Leverkusen und Köln-Mülheim waren sechs Arbeiter getötet und zwei schwer verletzt worden. Als Ursache kam »menschliches Versagen«, dessen war sich der Staatsanwalt sicher, in Betracht. Das Gericht urteilte anders. Selbst der Ankläger ließ sich von weiteren Sachverständigen überzeugen, daß die Sicherungsposten nicht auf die Anklagebank gehörten.

Die Bahnmeisterei Köln-Deutz ließ von einer Baufirma im Gleis Leverkusen-Küppersteg – Köln-Mülheim die Dübel erneuern. Vier Männer entfernten die alten Schrauben, nachdem die Schraubmaschine sie gelockert hatte. Ein Mann lief hinterher und legte an den entsprechenden Stellen im Gleis die Schrauben mit den Federringen bereit, damit man mit der zweiten Schraubmaschine diese beiden Teile aufsetzen und festziehen konnte. Man arbeitete, wie es Vorschrift war, immer entgegen der Zugrichtung, so daß man nahende Züge »im Auge« hatte. Die Regionalabteilung 3 der Bundesbahndirektion Köln hatte die »Vereinfachte Betriebs- und Bauanweisung« (Betra) 7382 V aufgestellt, die zur Sicherung der Bauarbeiter vorschrieb, daß

a) »das Gleis Mülheim – Küppersteg oder
b) das Gleis Küppersteg – Mülheim in vorhandenen Zugpausen« gesperrt werden« muß.

Eine Langsamfahrstelle war nicht vorgesehen, die zulässige Geschwindigkeit betrug hier 130 km/h, einige hundert Meter zuvor sogar 200 km/h.

Für die Sicherung der Bauarbeiter hatte die Bundesbahndirektion Köln mit einem Sicherungsunternehmen einen Rahmenvertrag und die Bahnmeisterei Köln-Deutz einen Einzelvertrag für eine bestimmte Zeit geschlossen. Je ein Mann von der Bahnmeisterei und vom Sicherungsunternehmen sahen sich vier Tage vor Arbeitsbeginn die künftige Baustelle an, und dabei wurde bestimmt, daß das Gleis 801, das Arbeitsgleis, für den Gleiswechselbetrieb, gesperrt wird. Auf Gleis 801 fuhren die Züge dann nur in der (»gewöhnlichen«) Richtung von Leverkusen nach Köln, auf dem Gleis 802 von Köln nach Leverkusen. An den Tagen vor dem Unfall war die Rotte im Gleis 802 tätig, auf dem die Züge aus Richtung Köln zu erwarten waren. Die Rotte wurde vor diesen Zügen von zwei Außenposten und unmittelbar vor der Arbeitsstelle von einem dritten Sicherungsposten gewarnt.

Wo diese Posten aufzustellen sind, das heißt, welche Sichtweite auf die sogenannte Annäherungsstrecke bestehen muß, bestimmt eine in der Dienstvorschrift enthaltene Formel. Die Sicherungsaufsichtskraft kann berechnen oder einer Tabelle entnehmen, wo der Sicherungsposten zu postie-

In diese Richtung zum Haltepunkt Stammheim – aber nachts! – hatte der Außenposten zu sehen. Foto: Peide

ren ist. Reicht die Sichtweite eines Postens auf die Annäherungsstrecke nicht aus, sind Zwischen- und Außenposten mit entsprechend kürzeren Sichtweiten aufzustellen. Diese geben die Rottenwarnsignale von Posten zu Posten bis zur Baustelle weiter.

Aus Richtung Köln stand K. – der Außenposten – am Einfahrsignal über dem Autobahnzubringer, ungefähr 600 Meter vom Bautrupp entfernt. Auf halbem Abstand bis zur Baustelle stand M., der Zwischenposten. K. ließ sein Typhon ertönen, wenn sich ein Zug näherte, was er vorher bereits durch die Stellung des Einfahrsignals sehen konnte. M. hörte den tiefen Ton des Typhons und gab mit dem leiseren Signalhorn ein Signal, das U., die unmittelbar vor der Rotte stand, wegen des Gleisbogens die Außenposten aber nicht sehen konnte, veranlaßte, ebenfalls mit dem Sign-

Diese Sicht hätte der Sicherungsposten vom optimalen Standort auf der Böschung der »Bayer-Bahn« in Richtung Köln gehabt. In der Mitte (Pfeil) das Signal 801. Foto: Peide

alhorn zu warnen oder den Arbeitern zuzurufen, sie sollten aus dem Gleis gehen.

Kamen Züge aus der Gegenrichtung, aus Leverkusen, hatte der Außenposten H. zu warnen. Diese Züge fuhren über das Gleis 801, in dem aber nicht gearbeitet wurde! Die Warnungen sollten lediglich erreichen, daß die im Gleis 802 Arbeitenden nicht versehentlich ins Nachbargleis traten. H. hatte sich auf eine Anhöhe neben dem S-Bahngleis, etwa 150 Meter von der Rotte entfernt, gestellt. Im Blick hatte er die Baustelle sowie das Einfahrsignal, auf dessen Signalbild er sich nicht verlassen durfte. In die andere Richtung konnte er nur 700 bis 1 000 Meter weit sehen (nach der Vorschrift hätte die Sicht auf 1520 Meter gegeben sein müssen, »wenn nicht sogar 1830 Meter«, wie es im Urteil heißt, da die Züge bis kurz vor H.'s Stelle sogar bis zu 200 km/h fahren durften). Es war dunkel, die Lichter des Haltepunkts Köln-Stammheim und andere diffuse Lichtquellen störten, trotzdem gelang es H. mitunter, einen Zug weiter entfernt zu erkennen, zwar nur schemenhaft, aber mit dem Spitzensignal. Dazu mußte er sich extrem konzentrieren.

V., der die Sicherungsposten zu beaufsichtigen hatte, genügte der eine Außenposten, denn er »konnte die ganze Baustelle übersehen«. Die Richter vom Landgericht Köln fragen ihn später, ob er geprüft habe, wie schnell ein Zug nach dessen Erkennen herangefahren sei. »4,2 Minuten«, ist V.'s Antwort. Aber das Gericht gibt sich damit nicht zufrieden, so daß er einräumen mußte, das gar nicht exakt gemessen zu haben: »Vielleicht waren es auch nur 42 Sekunden...« Es waren noch weniger, wie sich nach dem Unglück herausstellte.

Wie bereits bemerkt: Als im Gleis von Köln nach Leverkusen gearbeitet wurde, lastete auf H. keine so große Verantwortung, denn die Züge, auf die er zu achten hatte, fuhren im Nachbargleis an der Rotte vorbei, und zwischen dem Arbeits- und dem Nachbargleis war genügend Platz. Wenn er das Spitzensignal des Zuges bemerkte, ließ er das Typhon tönen. Der etwa 15 Meter vor dem Bautrupp stehende M. hörte den Ton und warnte (wie Frau U. bei Zügen der Gegenrichtung) die Arbeiter.

In der Nacht vor dem Unglück begannen die Arbeiten im Gleis der Gegenrichtung, Leverkusen – Köln: Jetzt hatten H. und M. nicht mehr vor Zügen im Nachbargleis zu warnen, nein, das Gleis war zum Arbeitsgleis geworden! Abgesehen davon, daß - entgegen der Vorschrift – H. immer dann keine Sichtverbindung zu M. hatte, wenn auf den S-Bahn-Gleisen ein Zug kam und daß die Sicherungsposten an der falschen Stelle standen, in dieser Nacht fiel die Aufmerksamkeit des H. für Sekunden (oder war es nur der Bruchteil einer Sekunde?) aus.

Um 2.33 Uhr sollte von Dortmund der Leerpersonenzug 36940 in Köln eintreffen. Er durfte bis zu 140 km/h schnell sein, kurz vor der Baustelle hatte er auf 130 km/h abzubremsen. Der Lokomotivführer auf der 110 327 sah »plötzlich einen Bautrupp auf den Gleisen. Ich habe eine Schnellbremsung eingeleitet. Das war aber nicht mehr ausreichend. Ich habe den Trupp erst spät gesehen. Es war dunkel, und die Lampe der Lok leuchtet nur wenige Meter aus. Dann war der Trupp auch noch hinter einer Linkskurve«, sagte er der Kriminalpolizei und fügte hinzu, er habe bei der Schnellbremsung auch noch ein Achtungssignal gegeben. Der Meßstreifen wird belegen, daß es zum Zeitpunkt der Schnellbremsung 122 km/h waren und er in den Bautrupp mit 110 bis 115 km/h fuhr.

»Ich habe einen regelrechten Filmriß«

Der später angeklagte Sicherungsposten H. konnte über die Minuten vor der Katastrophe kaum etwas sagen. »Ich weiß nicht, wie es zu dem Unfall kommen konnte. Ich habe einen regelrechten Filmriß. Ich habe den herannahenden Zug erst bewußt wahrgenommen, als er einen Warnpfiff losließ. Da war der Zug schon parallel zu mir und fuhr unmittelbar danach in die Baustelle hinein.«

Die Mordkommission an der Unfallstelle.
Foto: Holubovsky

Konnte denn M., der direkt bei der Rotte stand, mit dem Signal »Gefahrenbereich schnellstens verlassen!« (zwei kurze Töne, mindestens fünfmal hintereinander) Rettung bringen? Neun Sekunden blieben vom ersten Erkennen des Spitzenlichtes bis zum Eintreffen des Zuges an der Baustelle. Als ein Sachverständiger während der Beweisaufnahme mit der »Schrecksekunde« operierte, die auch den Sicherungsposten zuzubilligen ist, war klar: Für das Signalgeben und Aus-dem-Gleis-springen blieben vier Sekunden übrig. Dem M. konnte man nicht vorwerfen, versagt zu haben. Er, der bei dem Unfall schwerste Verletzungen erfuhr, wurde als erster – noch während der Beweisaufnahme – freigesprochen.

Blieb H. Der Sachverständige rechnete im Gerichtssaal vor, wie es zu diesem Drama kam. Für das seitliche Aussetzen eines »Schraubesels« seien 20 Sekunden anzusetzen. Erst wenn der aus dem Gleis getragen werde, seien auch die Arbeiter aus dem Gefahrenbereich. Hinzu müßten 15 Sekunden Sicherheitszuschlag gezählt werden, denn man könne nicht davon ausgehen, daß mit dem ersten Laut aus dem Signalhorn auch sekundengleich die Arbeit unterbrochen werde. Mindestens 35 Sekunden vorher hätte H. den Zug sehen müssen. Wann aber sah H. die Züge? Die Rekonstruktion ergab: vom ersten Erkennen des Zuges bis zum Eintreffen an der späteren Unfallstelle vergingen nur 29 Sekunden. Man muß sich nur wundern, daß das Unglück nicht bereits zu Schichtbeginn eingetreten war.

Die Anklage warf H. vor, »fahrlässig die Sicherheit des Schienenbahnverkehrs dadurch beeinträchtigt zu haben, daß er falsche Zeichen oder Signale gab und dadurch Leib oder Leben anderer und fremder Sachen von bedeutendem Wert gefährdet« habe. Das Gericht ließ sich auch von einem Arbeitsmediziner und Psychologen ein Gutachten erstatten. Der erklärte, aus Studien sei seit den fünfziger Jahren bekannt, daß ein Mensch nicht über Stunden hinweg ohne Pausen eine monotone Aufgabe mit stets gleich hoher Konzentration ausüben könne. Erst recht nicht in der Nacht. Während der Schicht von 22 Uhr an durfte H. seinen Standort für fünf bis zehn Minuten verlassen, als die Sicherungsaufsichtskraft V. seine Aufgabe übernahm und er seine Windjacke holte. Sonst hatte er aufmerksam in die Nacht zu sehen. »Zwischen 2.10 Uhr und 2.47 Uhr hatte H. keine Warnung abzugeben. Unter diesen Umständen brach die Konzentrationsfähigkeit des Angeklagten – für ihn nicht bemerkbar – spätestens nach einer halben Stunde nach der Abgabe eines Warnsignals zusammen«, sprach der Gutachter. Man kann es auch laienhaft sagen: H. umgab Langeweile. Ein Arbeitsmediziner beschrieb in einer Fachzeitschrift die Langeweile am Arbeitsplatz: »Jener unangenehme, vorübergehende Gefühlszustand, in dem das Individuum durchgehend fühlt, daß ihm das Interesse an seiner gegenwärtigen Aktivität fehlt und es Schwierigkeiten hat, sich auf sie zu konzentrieren.« Nach des Gutachters Meinung hat H. solche Gefühle nicht einmal gespürt. Der Zug war plötzlich da. Die Richter werteten die über Stunden geforderte Konzentration des Sicherungspostens als Zumutung und verneinten H.'s Verschulden. Sie sprachen ihn frei.

Was während der Gerichtsverhandlung über die Anforderungen und Fähigkeiten von Sicherungsposten zur Sprache kam, bestätigte ein von der Deutschen Bahn veranlaßtes Experiment. Ein Sicherungsposten wurde mit seinem Einverständnis gefilmt, um Aufschluß zu erhalten, wielange ein Mensch aufmerksam in eine Richtung starren kann. Wann beginnt der sogenannte Röhrenblick? Spätestens nach drei Stunden interessierte er sich mehr für die Baustelle oder den Straßenverkehr als für die Züge aus einer bestimmten Richtung! Deshalb sollte das Einsatz- und Pausenregime der Sicherungsposten geändert werden. Noch beschränkt die Vorschrift 132 03 den Einsatz dieser Posten auf zehn Stunden! Über Pausen sagt sie nichts. Sicherungsposten haben sich künftig einem eignungspsychologischen Test zu unterziehen, auch die Schulungen sollten verbessert werden.

Der Staatsanwalt indes wollte sich mit den Freisprüchen nicht abfinden. Bei einem derart schweren Unfall müßte es doch Verantwortliche und Schuldige geben. Sollte er die Falschen angeklagt haben? Ende April 1995 hatten sich E. und P. vor der 5. Großen Strafkammer des Landgerichts Köln zu verantworten. Bauwart E. wurde beschuldigt, die Arbeiten im nicht gesperrten Gleis ausgeführt zu haben, wie es die Vereinfachte Betra vorgesehen hatte. Und Sicherungsaufsichtskraft P. duldete das. Außerdem hatte der den Sicherungsposten entgegen den Vorschriften so aufgestellt, daß für Züge aus Richtung Düsseldorf keine ausreichende Warnzeit gegeben war.

Drei Tage Vernehmung trugen nicht zur Aufhellung von Verantwortung und Schuld bei. Zwar gab es, als die Baustelle vorbereitet wurde, eine Ortsbesichtigung, nach der

20 Sekunden benötigen zwei Mann, um einen »Schraubesel« auszusetzen. Das ergab die Rekonstruktion. Hinzu kommen 15 Sekunden Sicherheitszuschlag. Foto: Peide

die Zahl der Sicherungsposten von, wie geplant, drei auf fünf erhöht wurde, aber die Beteiligten gingen davon aus, im Bereich würden Geschwindigkeiten von 90 bis 120 km/h gefahren. Keiner der Angeklagten und keiner der Zeugen konnte sich erinnern, wer darauf bestanden haben soll, daß im gesperrten Gleis gearbeitet werden müsse. Dem Einsatzleiter G. entfuhr es dann, daß die Baufirma am Tage das Gleis gesperrt haben wollte. Nachts aber – wegen des weniger dichten Zugverkehrs – sollte nicht gesperrt werden. Dafür wurden fünf Sicherungsposten bestellt. »Eine Richtlinie des Bundesbahn-Zentralamtes München«, so G., »erlaube das Auswechseln von Dübeln im nicht gesperrten Gleis, wenn Geräte vorhanden sind, die in bis zu 30 Sekunden ausgesetzt werden können.« »Was taugt dann die Betra?«, wollte Staatsanwalt K. wissen. Nichts. »In Besprechungen haben wir festgelegt, daß wir im nicht gesperrten Gleis arbeiten können«, verteidigte sich der Zeuge. Die Sperrung von Gleisen sei nicht primär zum Schutz der Arbeitskräfte, vielmehr für die Sicherung des Gleises gedacht. Der Antrag für die Betra war mißverständlich. Und an der Baustelle las man die Betra so, daß das Gleis nur zu sperren sei, wenn der Skl Material zur Baustelle bringen mußte.

E. wurde freigesprochen, denn er hatte den Auftrag vom Vorgesetzten, die Arbeiten im nicht gesperrten Gleis zu planen. Auch für P. gab es Freispruch. Das Gericht sah keine Kausalität zwischen falschem Standort des Sicherungspostens und dem Ereignis. Diese Freisprüche gefielen niemandem, am wenigsten dem Staatsanwalt. Doch als das Urteil gesprochen wurde, verließ sich die Bahn bei dichtem Zugverkehr bereits nicht mehr allein auf die Sicherung der Gleisbauarbeiter durch Menschen. Das mag ein Trost sein.

---

[11] *Eigenverschulden als Ursache von Arbeitsunfällen war entsprechend der in der DDR geltenden Arbeitsschutzverordnung bei der Deutschen Reichsbahn nicht zulässig.*

[12] *Selbststellbetrieb bedeutet, daß die Fahrstraßen und zugehörigen Signale vom Zug gestellt werden. Dadurch wird der Fahrdienstleiter weitgehend von der Routinebedienung der Zugstraßen- und Signaltasten befreit.*

[13] *Bei der Deutschen Reichsbahn galt dafür der Begriff Gleisbildstellwerk.*

[14] *1993 gab die Bundesbahndirektion Stuttgart für die Sicherung von Baustellen durch Fremdfirmen und durch bahneigene Überwachungskräfte 13 Millionen Mark aus.*

3. Reise ins Verderben

Fahrwegprüfung und Ersatzsignal

Obwohl die Sicherungstechnik der Eisenbahnen, namentlich auf Hauptbahnen, so vollkommen ist, daß beim Normalbetrieb einem sicheren Zugverkehr nichts im Wege steht, erstaunen uns immer wieder Nachrichten von schweren Zugunfällen auch auf solchen Strecken. Haben die Sicherungseinrichtungen oder ein Mensch versagt? In den Zeitungen ist meist zu lesen, eine falsche Weichenstellung habe zum Zugunglück geführt. Die falsche Weichenstellung wird jedoch durch mancherlei Raffinessen in der Stellwerkstechnik verhindert, so daß selbst bei Fehlleistungen von Eisenbahnern, dem »menschlichen Versagen« , eine Zugfahrt unmöglich sein müßte.

Hauptsächlich bei zwei Vorgängen ist es jedoch möglich, die Sicherheitskette zu durchbrechen, so daß es mitunter allein vom pflichtbewußten Verhalten nur eines Eisenbahners abhängt, inwieweit der Zugverkehr nicht beeinträchtigt wird. Zum einen ist dies die Fahrwegprüfung, wie sie beim mechanischen und elektromechanischen Stellwerk ohne Gleisfreimeldeanlage notwendig ist, zum anderen ist es der Ausfall von Sicherheitseinrichtungen bei Störungen und Bauzuständen. In diesem Fall muß selbst bei modernster Sicherungstechnik, wie sie das Drucktasten- bzw. Gleisbildstellwerk oder das elektronische Stellwerk bieten, auf die »Rückfallebene Mensch« zurückgegriffen werden.[15] Dieser »Mensch« – ob Weichenwärter, Fahrdienstleiter oder Lokomotivführer – kann seine außergewöhnliche Pflicht vernachlässigen oder auch einmal irren. Typische Beispiele liefert uns die unterlassene Fahrwegprüfung.

Wo nicht Gleisfreimeldeeinrichtungen kontrollieren, ob das Gleis befahrbar ist, muß der Betriebseisenbahner durch Augenschein feststellen, ob das Gleis in seinem Bezirk frei ist, bevor er eine Zugfahrt zuläßt. Ein Ereignis aus dem Jahre 1988 soll das Dilemma technischer und menschlicher Unzulänglichkeit illustrieren.

Am 15. Februar 1988 nahm Fahrdienstleiter Sch. auf dem Stellwerk »Egb« des Bahnhofs Eichgestell am Berliner Außenring die Vorausmeldung für Zug 11413 Werder

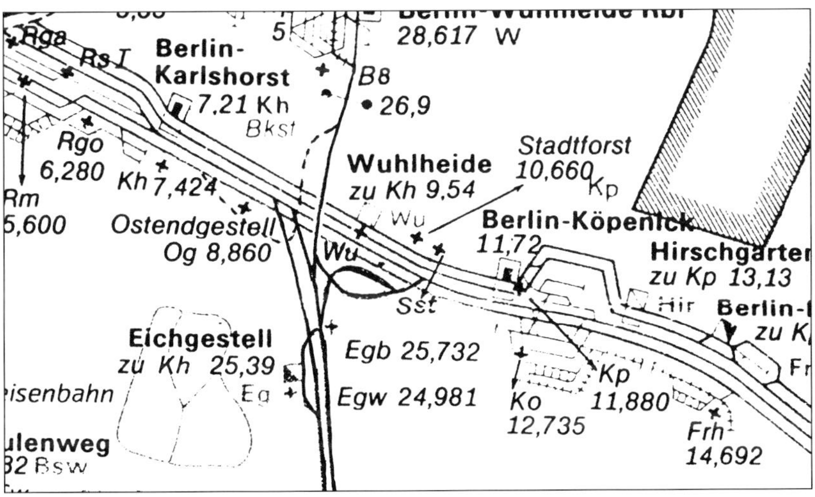

Aus dem Gleisschema geht hervor, daß der Abschnitt Betriebsbahnhof Eichgestell – Abzweigstelle Wu — B 8 in Berlin-Wuhlheide Rbf den Fahrweg des Zuges nach Berlin-Karlshorst kreuzte. Der »Sputnik« mußte warten. Zeichnung: DR

(Havel) – Berlin-Karlshorst entgegen (das heißt, er wiederholte die Vorausmeldung als Zeichen, daß er den Zug annimmt).

Der Fahrdienstleiter ließ den Zug 11413 nach Gleis 1 einfahren, gab ihm aber zunächst keine Ausfahrt, da er den Fahrweg des zur gleichen Zeit fälligen Zuges 642 Stralsund – Berlin-Lichtenberg – Halberstadt gekreuzt hätte, der von Berlin-Wuhlheide Rbf kam. Der Schnellzug hatte Vorrang. Nun erfuhr Sch., daß der Schnellzug Verspätung habe, und so entschloß er sich, doch den Zug 11413 ausfahren zu lassen. Er stellte zwei Weichen um, verriegelte sie und bediente den Fahrstraßenhebel. Das Ausfahrsignal auf Fahrt zu stellen, dazu kam er nicht, weil ihn mehrfach der Ruf des Fernsprechers abhielt, über den der Fahrdienstleiter in Grünauer Kreuz die Züge 150 und 172, zwei Städte-Expreßzüge, vorausmeldete. Jetzt wurde auch aus der anderen Richtung, vom Fahrdienstleiter in Wuhlheide Rbf, der überfällige Zug 642 vorausgemeldet, für den der Fahrdienstleiter die Ein- und Ausfahrt über Gleis 2 vorbereitete.

»Zieh durch nach Wuhle!«

Inzwischen kehrte der Stellwerkswärter H. von der Toilette zurück, und der Fahrdienstleiter beauftragte ihn in der auf dem Stellwerk üblichen Kurzform: »Zieh durch nach Wuhle!«, was heißen sollte: Stelle Ein- und Ausfahrt für den Zug 150 nach Wuhlheide her. H. fragte Sch., ob denn der 11413 schon durch sei. Den hatte Sch. vergessen, da er zwar die Weichen-, Riegel- und Fahrstraßenhebel umgestellt, nicht aber das Ausfahrsignal bedient hatte. Statt nachzudenken, antwortete Sch. zu H.: »Der ist durch!« Der Lokomotivführer dieses Zuges wunderte sich über die Verzögerung. Er saß im Führerstand des ersten Doppelstockwagens, fuhr er doch einen Wendezug, den sogenannten »Sputnik«. Die kreisten gleich dem sowjetischen Satelliten auf dem Berliner Außenring zwischen Berlin und Potsdam als Ersatz für die S-Bahn-Verbindung, die am 13. August 1961 unterbrochen worden war. Auf die Pünktlichkeit der »Sputniks« wurde sehr geachtet. Ein langer Aufenthalt auf dem Betriebsbahnhof Eichgestell war ungewöhnlich. Obendrein zeigte plötzlich das Ausfahrsignal ein Bild, das nicht für den Zug nach Karlshorst, sondern nach Wuhlheide galt. Über den Zugfunk fragte er den Fahrdienstleiter, was das bedeuten sollte.

Dem schoß sogleich der Gedanke »der Sputnik!« durch den Kopf und die Frage, wie er dessen vermeintliche Fehlleitung verhindern könne. Daß er bereits die Einfahrt für Zug 150 freigegeben hatte, kam ihm nicht in den Sinn. Es dauerte nur Sekunden, und der Ex 150 stieß mit dem haltenden Sputnik zusammen. Ein Reisender wurde getötet, vier schwer und 38 leicht verletzt. Zwei Lokomotiven wurden zerstört, 18 Wagen beschädigt – der Sachschaden belief sich auf 10,5 Millionen Mark.

Man braucht nicht über das Vergessen zu grübeln oder über die hohe Beanspruchung der Eisenbahner in diesem Behelfsstellwerk des Jahres 1940, das nach dem Ende des Zweiten Weltkriegs erneuert werden sollte (und 1996 noch immer in Betrieb ist). Die Eisenbahner hatten 1988 in 24 Stunden über 330 Züge zu dirigieren. Wichtig ist die Frage nach der Fahrwegprüfung. Der Augenschein hätte doch ergeben, daß das Gleis 1 noch besetzt war, als Zug 150 Einfahrt und Ausfahrt erhielt. Den Vorwurf des Staatsanwalts, die Fahrwegprüfung unterlassen zu haben, konterte der Fahrdienstleiter Sch. beharrlich: »Ich ging davon aus, H. prüft den Fahrweg.« Wärter H., im Gerichtssaal als Zeuge auftretend, belastete sich: »Der Auftrag 'Zieh durch bis Wuhlheide' bedeutete für mich, den Fahrweg zu prüfen, bevor ich das Signal auf Fahrt stelle. Ich habe es flüchtig getan.« Hatte er es? Entweder der Fahrweg war geprüft worden oder nicht. Man konnte davon ausgehen, daß auf diesem Bahnhof, wo es keine Rangierfahrten gab und die Züge meist durchrollten, die Fahrwegprüfung weniger ernst genommen wurde. Zumal auf dem Befehls-

Den größten Schaden vom Zusammenstoß trug der zweite Wagen des Ex 150 davon. Die am Schluß laufende Lokomotive des »Sputnik« zehrte einen großen Teil der Stoßkräfte auf. Foto: ADN-ZB/Roeske

stellwerk die Aufgaben zwischen Fahrdienstleiter und Weichenwärter nicht exakt abgegrenzt waren, woran sich niemand störte. Zwei Jahre Haft und Schadenersatz in der gesetzlich vorgeschriebenen Höhe - das war nach dem DDR-Arbeitsrecht bei Fahrlässigkeitsstraftaten die Höhe eines Monatslohnes – sollte die Sühne für diese folgenschwere Pflichtverletzung sein.

Eine Reise ins Verderben unternahmen einige Fahrgäste, die am Karfreitag, dem 9. April 1993, in den IC 995 von Berlin Zoologischer Garten nach Frankfurt (Main) Hbf einstiegen. Am 3. Juni 1994 wird Lokomotivführer K. dem Vorsitzenden Richter sagen: »Ich war richtig froh, als Zs 1 (das Ersatzsignal – E. P.) kam. Wären wir am Bahnsteig zum Halten gekommen, hätte ich erst auf das Abfahrsignal der Aufsicht warten müssen, wir hatten doch schon fünf Minuten Verspätung!« K. beschleunigte den Zug und fuhr statt »geradeaus« nach »links« in das Streckengleis der Gegenrichtung Griebnitzsee – Berlin-Wannsee. Nach der Fahrordnung in den Fahrdienstvorschriften[16] wird auf zweigleisigen Strecken in der Regel rechts gefahren. Das linke Gleis durfte der Zug nur benutzen, wenn das Ausfahrsignal »Fahrt frei« und zusätzlich das Signal »Zs 7« (Gleiswechselanzeiger) zeigte.

Glückliche Reise! Titelbild des Faltblatts, in dem die Katastrophe von Berlin-Wannsee ausgewertet wird. Zuvor entschuldigt sich der Herausgeber, man möge die Schrift nicht als Vorwurf auffassen. Ein Bahn-Vorstandsmitglied bezeichnet die Sicherheit als Herausforderung für die Betriebseisenbahner!

Konnte das Signal nicht auf Fahrt gestellt werden, mußte der Fahrdienstleiter dem Lokomotivführer einen schriftlichen Befehl, den Befehl B, geben oder ihn über Zugfunk diktieren.

Bei Bauarbeiten im Gleis muß es verschiedene Möglichkeiten geben, daß trotzdem Züge fahren können. Die betriebsleitenden Stellen haben je nach Dauer der Bauarbeiten den Aufwand für die Umstellung der Sicherungsanlagen abzuwägen und ihn entsprechend dem Aufwand zu optimieren. Dementsprechend sind aber auch die Verhaltensanforderungen an die beteiligten Eisenbahner größer oder geringer. Die Sicherungsanlagen können beispielsweise so umgestellt werden, als bestünde regulär eingleisiger Betrieb, das heißt, alle Signale und Sicherungseinrichtungen wirken dementsprechend. Diese Umschaltung erfordert den größten Aufwand. Für kurze Sperrzeiten – etwa ein oder zwei Stunden - verzichtet man darauf und sichert die Fahrstraßen nur provisorisch. Dann lassen sich aber die Hauptsignale nicht bedienen, die Sicherungsanlagen sind wirkungslos. Da es eine Vielzahl von Bauarbeiten gibt, die sich über Tage erstrecken, die Bahn aber den Aufwand für die Umstellung der Sicherungsanlagen minimieren, zugleich den Zugverkehr wenig beschränken möchte, führte die Deutsche Reichsbahn vor Jahren den zeitweise eingleisigen Behelfsbetrieb ein. Für die Ausfahrt nach dem linken Gleis wird der Fahrweg nur behelfsmäßig gesichert, und an die Stelle des Ausfahrsignals bzw. des Befehls B tritt das Ersatzsignal, das vom Fahrdienstleiter bedient wird.

Dieser Behelfsbetrieb war bei der Deutschen Reichsbahn sehr üblich, blieb aber nicht pannenlos und wurde besonders von den Lokomotivführern kritisiert, die dem Ersatzsignal mißtrauten. Das Ersatzsignal wurde häufig quasi zum Regelsignal. Aber weder Fahrdienstleiter noch Lokomotivführer entschieden, welche Maßnahmen für

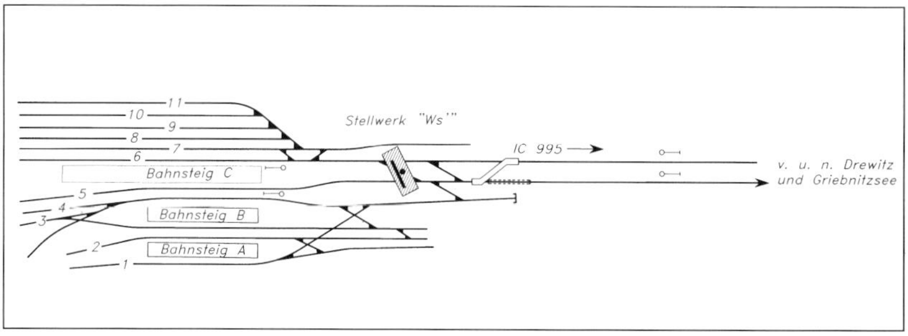

Der IC 995 fuhr auf dem linken Gleis in Richtung Griebnitzsee.
Zeichnung: Pöhler

Dieser Zug ist vor der Weiche, die den IC 995 nach links lenkte (1994).

den Zugverkehr getroffen werden – das entscheidet die betriebsleitende Stelle. Das Zugpersonal muß wissen, welche Betriebsform herrscht. Das erfährt es aus der »La«, dem Verzeichnis der »Vorübergehenden Langsamfahrstellen, Stellen mit besonderer Betriebsregelung und anderen Besonderheiten«. Das zur Erklärung, warum K. mit dem IC 995 auf Ersatzsignal bedenkenlos in das linke Gleis fuhr.

»Ich bin nach Braunschweig immer über den Außenring umgeleitet worden. Auf dem Rückweg kam ich von Griebnitzsee an der Baustelle vorbei und sah, daß die Teltowkanalbrücke ausgehoben ist.« K. dachte am Unfalltag, das rechte Gleis sei immer noch gesperrt und er fahre im zeitweise eingleisigen Behelfsbetrieb nach links. Das war sein Irrtum. Er war noch im Gerichtssaal fassungslos: »Ich kann nicht begreifen, daß

Der Zugführer des Entlastungszuges, der sich im ersten Wagen aufhielt, wurde schwer verletzt.

Mächtig zusammengedrückt wurde der 1. Klasse-Großraumwagen. In ihm starb eine Reisende.

das rechte Gleis befahrbar gewesen sein soll.« Die »La« hätte seine Auffassung berichtigt, doch die hatte er nicht gelesen. Sie sagte weder, daß zeitweise eingleisiger Behelfsbetrieb bestand noch daß das rechte Gleis gesperrt war. IC 995 stieß mit Zug 10545, einem Entlastungszug von Hannover nach Berlin Zoologischer Garten, zusammen. Drei Menschen wurden getötet, 49 verletzt.

Die Katastrophe ereignete sich zu einer Zeit, als der Schienenweg von und nach Berlin von konzentrierten Bauarbeiten beherrscht war. Die Strecke Magdeburg – Berlin Zoologischer Garten sollte bis zum 23. Mai 1993 elektrifiziert sein und Berlin zum Fahrplanwechsel an das ICE-Netz angebunden werden. Möglich wurde es dennoch nicht, so daß der ICE einige Wochen über den Südlichen Berliner Außenring von und nach Berlin-Lichtenberg fahren mußte. Zwischen Michendorf und Berlin Zoologischer Garten wurden Pendelzüge eingesetzt, was vor allem Reisende aus Westberlin irritierte. Bevor sich der Vorstand von Deutscher Bundes- und Reichsbahn zu diesem Provisorium entschloß, wurde mit Hochdruck an den Gleisen gearbeitet, wurden viele Züge über Berlin-Spandau – Satzkorn umgeleitet oder fielen aus. Über Ostern waren die Bauarbeiten eingestellt worden, das Gleis Berlin-Wannsee – Griebnitzsee war für einige Tage befahrbar, die Züge brauchten nicht umgeleitet zu werden.

»Komisch, heute früh sind wir rechts gefahren.«

Die Bauarbeiten führten zu ständig wechselnden Betriebszuständen, was die örtlichen Betriebseisenbahner und die Lokomotivführer verunsicherte, konnte doch das Zugpersonal nur nach intensivem Studium der »La« sicher sein, welchen Fahrweg ihr Zug zu nehmen hatte. Mißverständnisse blieben nicht aus, auch nicht im Führerstand der Lokomotive 229 113, die den IC 995 bis Braunschweig fördern sollte. Als sich um 14.25 Uhr der Zug dem haltzeigenden Ausfahrsignal des Bahnhofs Berlin-Wannsee näherte, blinkte das Ersatzsignal. Er durfte am haltzeigenden Signal vorbeifahren. Dem Beimann M., der den Abschnitt an diesem Tag zum zweiten Mal befuhr, kam die Linksfahrt merkwürdig vor. Er sagte dem Lokomotivführer: »Komisch, heute früh sind wir rechts gefahren!« K. antwortete nicht, und M. gab sich zufrieden. Dem hat man auf dem Hauptbahnhof Bescheid gesagt oder einen Befehl gegeben, dachte er.

Dann trat etwas ein, was sich Eisenbahn-Laien im Gerichtssaal nicht erklären konnten. Die Strecken in Westberlin waren nicht mit Zugfunk ausgerüstet, wohl aber die anschließenden Strecken und selbstverständlich die meisten der eingesetzten Lokomotiven. Deshalb und durch die Überreichweite konnte man auch auf dem zugfunkfreien Abschnitt Berlin-Wannsee – Griebnitzsee eine Stimme aus dem Zugfunklautsprecher hören: »Zug 10545 sofort anhalten« und M. meinte, auch der Lokomotivführer höre mit. »Ich konnte mir nicht erklären, woher dieser Funkspruch kam. Den Zug kannte ich nicht, und das Gefahrensignal ist anders.« K. bestritt, M.'s Bemerkung und, den Funkspruch gehört zu haben. Als K. plötzlich einen Zug kommen sah, begann er mit der Schnellbremsung

Noch ist zur Unfallursache nichts zu sagen. Werner Remmert, Präsident der Reichsbahndirektion, beantwortet neben der Unfallstelle die Fragen der Journalisten.

und flüchtete vom Führerstand zum anderen Ende der Lokomotive. Dem Beimann gelang es, die Führerstandstür zu öffnen. Er wurde von der Wucht des Zusammenstoßes hinausgeschleudert und brach sich einen Arm.

Das Personal auf der Lokomotive 218 267 der Deutschen Bundesbahn muß vom entgegenkommenden Zug genauso überrascht worden sein. Es versuchte offenbar nicht, den Platz zu verlassen. Der Lokomotivführer führte lediglich eine Betriebsbremsung aus; vermutlich bereits vorher wegen des die Warnstellung zeigenden Einfahrvorsignals und nicht wegen des Intercity.[17] Lokomotivführer und Beimann wurden getötet. Die Geschwindigkeit der Züge betrug im Augenblick des Zusammenstoßes 40 km/h beim D 10545 und 63 km/h beim IC 995.

Die spärlich besetzten Wagen boten den Reisenden wenig Schutz. Der erste Wagen des Entlastungszuges wurde weniger beschädigt als der 1.-Klasse-Großraumwagen des IC, der bis etwa zur Hälfte zusammengedrückt wurde.[18] In ihm fand eine Journalistin aus Osnabrück den Tod. Dem Zugführer des D 10545 mußte wegen der schweren Verletzungen ein Bein amputiert werden; weitere 49 Reisenden aus beiden Zügen wurden verletzt.

Der von Journalisten vermutete Zusammenhang zwischen der Katastrophe und der seit Oktober 1992 anhaltenden Hektik auf den Baustellen wurde von den Bahn-Fachleuten bestritten, zumal es am Unfalltag keine Bauarbeiten, nur erhöhten Rangierbetrieb gab. Und doch kam aus der Frankfurter Bahn-Zentrale tags darauf eine Meinung, die nach den Erfahrungen ungewöhnlich war, denn es hieß: »Zu dem Zugunglück wäre es vermutlich nicht gekommen, wäre dort nicht gebaut worden.« So falsch war das nicht. Im Gerichtssaal erklärte A., der Fahrdienstleiter von Berlin-Wannsee: »Die Bauarbeiten haben uns sehr belastet. Die Fremdfirmen führten sich wie kleine Kinder auf, auf die wir aufpassen mußten. Überstunden fielen an, Urlaubssperre bestand, weil das örtliche Personal auf dem neuen elektronischen Stellwerk ausgebildet werden mußte. Auf den Druck der Personalvertretung hin wurden zusätzliche Stellwerkswärter zugebilligt, die uns unterstützen sollten. In drei Monaten waren sie zwei Wochen da, dann warfen sie das Handtuch.« Unter diesem Druck mögen sich Gewohnheiten und gefährliche Routine einschleifen, mag nicht mehr jeder Handgriff bedacht sein. Auch dann, wenn für kurze Zeit Ruhe herrscht. Der sachverständige Zeuge T. vom DB-AG-Geschäftsbereich Netz (Staatsanwalt bzw. Gericht wären gut beraten gewesen, ihn als Sachverständigen zu berufen) bescheinigte auch, daß die Störungen und Bedienungen des Ersatzsignals »überdurchschnittlich häufig« waren, daß während der Bauarbeiten ein »Ausnahmezustand« bestand.

Mit diesen Umständen beschäftigte sich das Gericht weniger, denn am Unfalltag herrschte kein Ausnahmezustand. Es ging, wie bei solchen Anlässen üblich, um den Regelzustand, um Eisenbahner der unteren Ebenen in der Hierarchie und ihr Versagen. Ständig kreisten die Fragen um das Thema: Wieso konnte der InterCity in das falsche Streckengleis gelangen? Weil es der Lokomotivführer »so wollte«, wie es in der mündlich vorgetragen Urteilsbegründung – aber nicht im schriftlichen Urteil – hieß? Die Weichen für den falschen Fahrweg stellte nicht der Lokomotivführer. Er konnte sich den Fahrweg auch nicht aussuchen.

Fahrdienstleiter A. erinnerte sich in der Hauptverhandlung nur mühsam, daß nach dem Dienstantritt um 13.30 Uhr ein Oberleitungsrevisionswagen rangierte und er vielleicht für diese Rangierfahrt die beiden Weichen gestellt hatte, die das Umlegen des Fahrstraßensignalhebels zum linken Gleis ermöglichten. Er wollte dem Zug 995 die Fahrstraße aus Gleis 5 nach Griebnitzsee auf dem rechten Streckengleis einstellen, meldete ihn auch ohne den Zusatz »auf dem linken Gleis« an den Fahrdienstleiter in Griebnitzsee voraus und griff den Fahrstraßensignalhebel 129/2 für die Ausfahrt in das linke Streckengleis; einen Hebel, den er in den vorangegangenen Schichten am öftesten bedienen mußte, weil das rechte Streckengleis gesperrt war. Er glaubte jedoch, daß er auf den Fahrstraßenhebel 129/1 für die Ausfahrt in das rechte Streckengleis geblickt habe. Der Hebel verschließt bei der Drehung um 45° die Weichen, Gleissperren und Flankenschutzeinrichtungen der zugehörigen Fahrstraße, wenn diese die richtige Stellung haben. Damit ist die sogenannte innere Fahrwegprüfung möglich. Die äußere verlangt die Prüfung durch Augenschein. Hätte A. der Vorschrift entsprechend geprüft, also auf die Gleisanlagen gesehen, hätte er bemerken müssen, daß der Fahrweg über die Weichen 351 und 352 nicht auf das rechte, sondern auf das linke Gleis führte.

Als sich der Zug dem Ausfahrsignal näherte, hörte A. das Achtungssignal des Lokomotivführers, der wegen des haltzeigenden Ausfahrsignals reagierte. Das blieb wegen der Erlaubnissperre auf Halt. Die Erlaubnis für Fahrten auf dem linken Streckengleis war Stunden vorher blockelektrisch an den Fahrdienstleiter in Griebnitzsee gegeben worden. A. machte sich diesen Vorgang nicht bewußt, er dachte nur an den InterCity und dessen Vorrang und kam zu dem Schluß, es liege eine Signalstörung vor. Er betätigte das Ersatzsignal, die scheinbare Rettung. Das war aber, gemessen an den Voraussetzungen für dessen Bedienung, das falsche Signal.

»Der fährt ja links!«

Der Zug rollte unter dem Reiterstellwerk durch; danach entsetzte sich A.: Der fährt ja links! Er konnte den InterCity nicht anhalten, denn hier gab es keinen Zugfunk. Er rief den Fahrdienstleiter in Griebnitzsee und fordert ihn zweimal auf: »Halte den 10545 an!« Der bediente routiniert eine Nottaste des in seinem Bezirk vorhandenen Zugfunks, mit der er alle Funkgespräche unterbrechen konnte und fordert den D 10545 zum Anhalten auf. Die Zugfunkanlage der Bundesbahnlokomotive war bereits außerhalb der Reichweite der Griebnitzseeer Feststation. Aber die empfindlicheren Reichsbahn-Funkanlagen MESA 2002 empfingen den Notruf, worauf der dem Entlastungszug folgende IC 545 sofort in Potsdam-Babelsberg anhielt, und, wie wir wissen, auch der

Gedenkkreuz für den tödlich verunglückten Braunschweiger Lokomotivführer des Entlastungszuges.

Beimann des IC 995 einmal diesen Notruf hörte.

Daß die Strecke Berlin Hbf – Griebnitzsee bis wenige Tage nach der Katastrophe ohne Zugfunk blieb, gehörte zur »DDR-Altlast« des Berlin-Verkehrs, den Staatsanwalt Sanders noch 1994 als Interzonenzugverkehr bezeichnete. Gespräche mit der Deutschen Bundespost über die Vergabe von Frequenzen in West-Berlin durften die unteren Chargen des Ministeriums für Verkehrswesen der DDR nicht führen. Solche Anträge waren hochpolitische Angelegenheit, möglichst nur auf Regierungsebene zu klären. Aber die war nicht daran interessiert, den Schienenweg zwischen West-Berlin und dem Bundesgebiet auszubauen und zu modernisieren, abgesehen davon, daß Funkverkehr über »Grenzen« hinweg ein Problem für die Sicherheitsorgane darstellte.

Ein Jahr und drei Monate Freiheitsstrafe für den Fahrdienstleiter, zehn Monate Freiheitsstrafe für den Lokomotivführer, jeweils bei zwei Jahren Bewährung, lautete das Urteil als Reaktion für ein Verhalten, das keineswegs einmalig ist. Deshalb ein Exkurs um gut 30 Jahre zurück: Am 15. Mai 1960 stießen bei Leipzig Hbf der Sg 5556 von Stralsund mit dem P 466 nach Halle zusammen.[19] 54 Tote, 106 Schwer- und 240 Leichtverletzte waren zu beklagen. Bei der Ausfahrt des Personenzuges stellte der Wärter im Stellwerk »W 7« eine Störung an der Weiche 268 a/b fest, so daß die Fahr-

Leipzig Hbf 1960: Die Folgen des Irrtums eines Stellwerkswärters und der Nachlässigkeit eines Lokomotivführers.

straße nicht festgelegt werden konnte. Tatsächlich lag eine andere Weiche nicht in der richtigen Stellung. Durch sie wurde der Personenzug, nachdem er einen schriftlichen Befehl zur Vorbeifahrt am haltzeigenden Ausfahrsignal erhalten hatte, auf das falsche Gleis, nämlich das Streckengleis aus Richtung Halle geleitet. Der Lokomotivführer hielt nicht an, obwohl er keinen Befehl zum Befahren des falschen Gleises besaß. Der Zug stieß mit dem Schnellgüterzug zusammen.

Zum Zusammenstoß von D 907 und dem zurückkehrenden Hilfszug Eisenach 1 auf dem Bahnhof Wutha (Strecke Erfurt – Eisenach) am 1. November 1980 – siehe 5. Abschnitt – wäre es nicht gekommen, hätte der Stellwerkswärter in Eisenach sich nicht nur auf die Störung eines Weichenriegels konzentriert, sondern den Fahrweg geprüft, bevor er dem Fahrdienstleiter meldete, der Fahrweg nach Wutha sei gesichert. Die Weichen 1 bis 4 hatten aber noch die Stellung von der Einfahrt einer Lokomotivleerfahrt von Wutha. Der Lokomotivführer des D 907 hielt seinen Zug auch nicht an, als er das falsche, das linke Streckengleis befuhr, störte sich auch nicht an den Fahrt frei zeigenden Vor- und Hauptsignalen des Bahnhofs Wutha, die einem Zug auf dem rechten Gleis (nämlich ihm) galten.

»Gnadenloser Service der Bundesbahn...«

Zurück zum Jahr 1993. Am 25. März sollte der ICE 696 »Diamant« Fahrt frei von der Abzweigstelle Hanau West nach Hanau Hbf (Nordseite) erhalten. Im Stellwerk war die blockelektrische Fahrstraßenfestlegung der Teilfahrstraße II gestört. Nicht nur, daß sich wegen des fehlenden elektrischen Schutzes das Blocksignal nicht auf Fahrt stellen ließ, der Fahrdienstleiter konnte jederzeit den Fahrstraßenhebel zurücklegen und zur Unzeit Weichen- und Riegelhebel umstellen. Um das zu verhindern, ist angeordnet, als »Vergreifschutz« am Fahrstraßenhebel eine Hilfssperre anzubringen. Das wird, da nicht

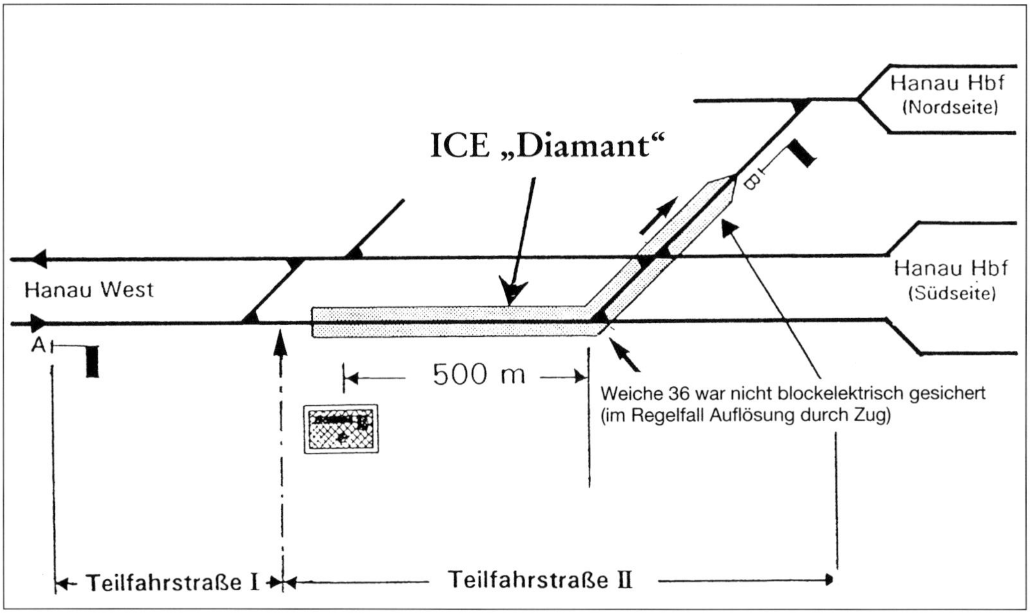

Abzw Hanau West: Unter dem ICE »Diamant« wurde die Weiche 36 umgestellt. Das Stellwerk ist entgegen der Darstellung auf der Skizze ein mechanisches Stellwerk.
Zeichnung: DB

erzwungen, häufig unterlassen. So auch in Hanau West. Der Zug fuhr auf Ersatzsignal am Hauptsignal A vorbei und hatte noch nicht den Fahrweg geräumt, als der Fahrdienstleiter, um die nächste Zugfahrt von Hanau Hbf (Südseite) nach Hanau West vorzubereiten, unzeitig die Weiche 36 unter dem fahrenden Zug umstellte. Der ICE entgleiste bei 35 km/h Geschwindigkeit mit zwei Drehgestellen des Mittelwagens 801 857 und stellte sich quer. Beim hinteren Triebkopf 401 587 entgleisten zwei Achsen.

Die Strecke blieb tagelang gesperrt, zu Personenschaden war es nicht gekommen, aber einen Imageverlust mußte die Deutsche Bundesbahn hinnehmen. Immerhin war ein ICE, das Paradestück der Bahn, betroffen worden. Zumindest einem der im Unglückswagen sitzenden Reisenden gefiel der »gnadenlose Service der Bundesbahn« nicht, was er seiner Tageszeitung mitteilte: Er war zwar aus dem entgleisten Wagen »evakuiert« worden und fand sich im Speisewagen wieder, wo normales Treiben herschte. »Man bestellte warmes Essen und warme Getränke und verstand gar nicht, daß es davon nichts mehr gab, weil der Strom ausgefallen war. Nun ja, man begnügte sich dann auch mit kalten Speisen und Getränken. Unser Bericht über das Unglaubliche im hinteren Zugteil wurde wie eine Zeitungs-/Fernsehmeldung aufgefaßt: mit Interesse.« [20] Nach anderthalb Stunden holte man alle Reisenden aus dem Zug, weil das Entkuppeln der entgleisten Wagen mißlang. Auch das Aussteigen ohne Bahnsteig bereitete Schwierigkeiten. Schließlich bot man den Reisenden den ICE »Nymphenburg« an, der außerplanmäßig in Hanau angehalten wurde und bereits überfüllt ankam. Nach einigem Lamento hieß es: »Fahrgäste ohne Sitzplatz können die hinter dem ICE fahrenden Züge benutzen.«

»Alles geschah sehr abgeklärt nach dem Motto, daß solche Dinge eben inklusive sind. Kein Wort des Bedauerns. Keine sonstige 'Wiedergutmachung'. Nichts. Gar nichts. Alles erschien wie ein normales Betriebsereignis und nicht wie ein Betriebsunfall. Eine bundesbahntypische Dienstleistung. Absolut souverän.«

In Potsdam Stadt wurde am 19. Mai 1993 ebenfalls voreilig das Ersatzsignal bedient. D 10540 von Griebnitzsee sollte nach Gleis 1 fahren, wozu der Fahrdienstleiter auf dem Stellwerk »Pdo« die Weiche 9 umstellen mußte. Dabei schmolz die Überwachungssicherung, und der Weichenwecker ertönte. Das ist ein Zeichen, daß die Hebelstellung nicht mit der Weichenstellung übereinstimmt. Der Fahrdienstleiter setzte eine neue Sicherung ein, die wieder schmolz, danach eine weitere Sicherung. Der Wecker verstummte endlich. Trotzdem ließ sich der Fahrstraßenhebel nicht weiter als in die 30°-Stellung umstellen – normalerweise ein Zeichen, daß die zugehörigen Weichen und Riegel nicht die richtige Stellung haben. Deshalb läßt sich der Hebel nicht um 90° umstellen, auch die Stellung des Signals auf Fahrt ist nicht möglich. Was hilft? Das Ersatzsignal ... Vorher wäre aber der Fahrweg durch Augenschein zu prüfen gewesen. Dann hätte der Fahrdienstleiter auch festgestellt, daß die Weiche 9 nicht in der Plusstellung stand. Ebensowenig stand sie in

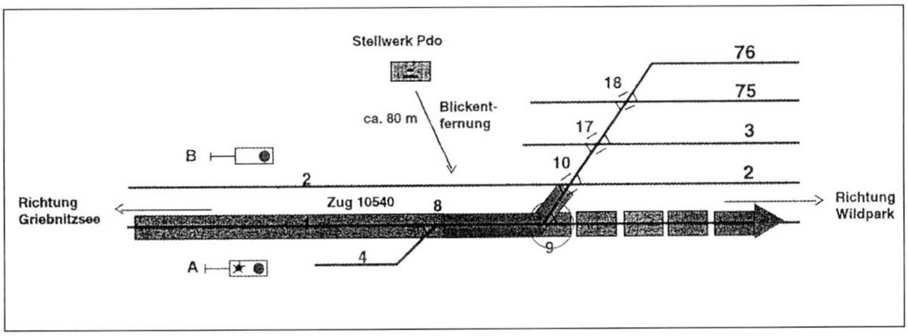

Potsdam Stadt: In der Weiche 9 entgleiste der Entlastungszug 10540. Zeichnung: DB

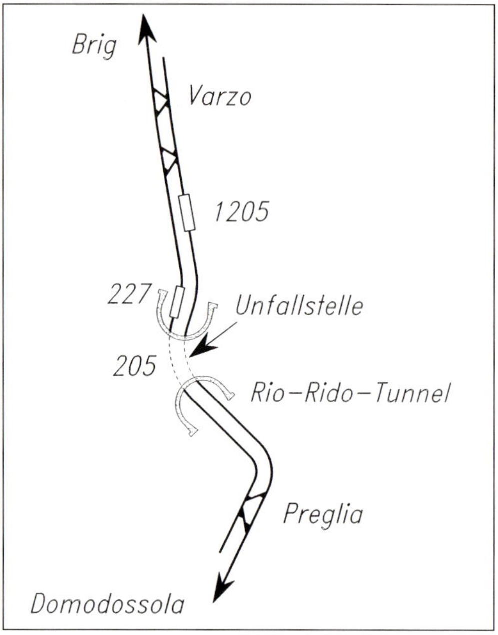

Infolge der Banalisierung der Signale, zu deutsch: Gleiswechselbetrieb, fuhr der Lokomotivführer des D 227 weiter.
Zeichnung: Pöhler

der Minusstellung; die Weichenzungen lagen weder an der einen noch an der anderen Backenschiene richtig an, weshalb sich der Weichenwecker gemeldet hatte. Der Zug entgleiste mit der Lokomotive und den ersten zwei Reisezugwagen.

Die Verwechslung der Signale auf der Südrampe der Simplonstrecke Brig – Domodossola führte 35 Menschen ins Verderben, denn am 31. Juli 1993 waren beim Zusammenstoß der Züge 205 »Italia-Expreß« Frankfurt (Main) – Rom und EuroCity 227 »Galileo« Paris – Florenz ein Toter und 34 Verletzte zu beklagen. Zug 205 mußte wegen vorübergehenden Stromausfalls in der Oberleitung, die zum Druckluftmangel im Hauptluftbehälter führte, im Abschnitt Varzo – Preglia, im Rio-Rido-Tunnel, halten. Hinter ihm, im gleichen Streckenabschnitt, hielt Zug 227, dem wiederum Zug 1205 »Riviera-Expreß« folgte. Da die Weiterfahrt der Züge 205 und 227 unmöglich war, sollte Zug 1205 auf dem linken Gleis vorbeigeleitet werden, was signaltechnisch möglich ist. Der Fahrdienstleiter in Varzo erteilte dem Lokomotivführer nach einigen Minuten des Wartens die Weisung, von Gleis 1 nach Gleis 3 zu wechseln. Dafür wurden das Ausfahrsignal und das davor gelegene Blocksignal 3 S auf Fahrt gestellt. Die Verwandlung dieses Signals von Rot auf Grün bemerkte der Lokomotivführer des Zuges 227 und meinte, das Signal sei für seinen Zug, für das rechte Gleis gültig. Er fuhr weiter und stieß mit dem Zug 205 zusammen. Den Lokomotivführer des Zuges 1205, Andreas Grubenmann (sein Name sei ausnahmsweise genannt), hatte der Fahrdienstleiter in Varzo nicht über die beiden Züge auf dem rechten Gleis verständigt (dazu bestand keine Pflicht), aber Grubenmann bekam, als er in Höhe des Zuges 227 war, eine Ahnung, daß etwas nicht stimmte. Doch in diesem Augenblick hatte sich der Zusammenstoß bereits ereignet; der letzte Wagen, ein Schlafwagen, war zusammengedrückt worden. Grubenmann sah auch einen beschädigten Wagen. Sofort reagierte er mit der Schnellbremsung und verhinderte damit noch größeren Schaden.

»Kann mich nicht an alles erinnern«

Die heißen Tage im Jahre 1994 wurden einer großen Anzahl von Reisenden der Deutschen Bahn AG zum Verhängnis. Jedenfalls sahen die Richter an den Amtsgerichten in Hagen und in Lübben einen Zusammenhang zwischen dem unerträglichen Wetter und den Pflichtverletzungen der bei ihren Gerichten angeklagten Eisenbahner. Der vor dem erweiterten Schöffengericht III in Hagen stehende Fahrdienstleiter R. fand Gnade. Er machte einen redlichen Eindruck. Leider ließ ihn das Gedächtsnis im Stich. Wer wollte es ihm, fast zwei Jahren nach dem Ereignis, verargen, wenn er häufig mit: »Ich weiß nicht«, »Kann mich nicht an alles erinnern« antwortete? Namentlich den Vorsitzenden Richter Schneider beeindruckten die Anforderungen, die an die Eisenbahner

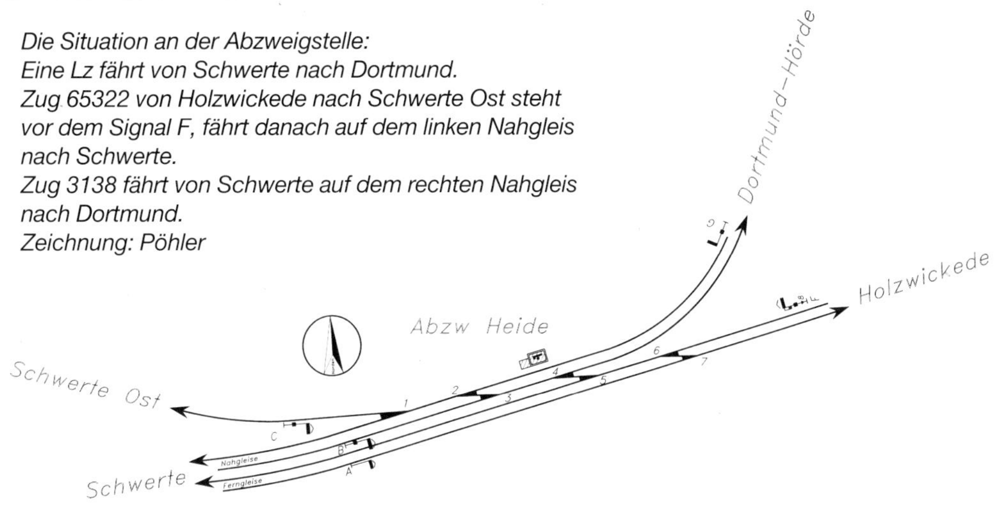

Die Situation an der Abzweigstelle: Eine Lz fährt von Schwerte nach Dortmund. Zug 65322 von Holzwickede nach Schwerte Ost steht vor dem Signal F, fährt danach auf dem linken Nahgleis nach Schwerte. Zug 3138 fährt von Schwerte auf dem rechten Nahgleis nach Dortmund. Zeichnung: Pöhler

während der heißen Tage auf dem Stellwerk der Abzweigstelle Heide unmittelbar neben der lärmerfüllten Autobahn 2 gestellt wurden. Der arbeitsmedizinische Sachverständige überzeugte, und R. wurde nicht bestraft. Er sollte sich für den Zusammenstoß eines Güterzuges und eines Nahverkehrszuges am heißesten Tag in Nordrhein-Westfalen, dem 24. Juli 1994, verantworten. Durch den Unfall waren zehn Menschen leicht verletzt worden und 300 000 Mark Schaden entstanden.

Wie kam es zum Unfall? R. trat um 20 Uhr die Nachtschicht an, nachdem er bei 33°C bis 35°C Tagestemperatur wenig geschlafen hatte. Der nicht isolierte Stellwerksbau bot keine Labsal, im Gegenteil, der rege Betrieb brachte R. zusätzlich ins Schwitzen. Im Stellwerksbezirk waren 1990 die Weichen 5, 6 und 7 durch eine neue Bauart ersetzt worden, die sich derart schwer umstellen ließen, daß die Deutsche Bundesbahn den Fahrdienstleitern die Kraftanstrengung nicht zumuten wollte. Sie baute elektrische Antriebe ein und einen Stelltisch, wie er auf Drucktastenstellwerken bekannt ist.

Um die Weichen mit ihrem elektrischen Antrieb in Abhängigkeit zum Fahrstraßenhebel zu bringen, hatte man Riegelhebel eingebaut. Doch der Hebel der Weiche 6 ließ sich an diesem Abend nicht umstellen. Der Sachverständige meinte, vermutlich sei die Handfalle des Weichenhebels noch angezogen gewesen; der als Zeuge vernommene Signalwerkmeister erklärte dem Gericht, die elektrische Hebelsperre habe nicht funktioniert. Die Weiche 6 mußte der Fahrdienstleiter gegen 22 Uhr umstellen, um den Nahgüterzug 65 332, der vor dem Signal F auf dem Gleis von Holzwickede stand, die Fahrt nach Schwerte Ost zu ermöglichen. Das war eben nicht möglich zu der Zeit, da der Fahrdienstleiter in Schwerte obendrein drängte, den Nahverkehrszug 3138 nach Dortmund anzunehmen. R. wollte nicht; er war mit der Störung beschäftigt.

Von der Störung erfuhr auch D., der Lokomotivführer des Güterzugs. Zeuge D. (den manche im Saal gern ebenfalls auf der Anklagebank sitzen gesehen hätten) hatte etwa fünf Minuten vor dem Blocksignal gestanden und sich beim Fahrdienstleiter erkundigt, wann es denn weiter gehe. »Ich habe eine Störung im Weichenbereich«, hörte er und sah zu dieser Zeit rechts und links die Züge fahren. Darunter eine Lokomotive vom sogenannten Nahgleis, die in Richtung Holzwickede fuhr. Sie war es, die die Weiche 3 aufgefahren hatte. Auffahren bedeutet, daß die Weichenzungen derart verdrückt werden, daß Hebelstellung und Weichenstellung nicht mehr übereinstimmen. Der Hebel im Stellwerk stand in der Minusstellung (in Richtung Schwerte bzw. Schwerte Ost); tatsächlich waren die Weichenzungen so verdrückt worden, daß sie Fahrzeuge in das Nahgleis von Schwerte lenkten. Wie durch eine Lokomotivfahrt die Weiche aufgefahren werden konnte, kam im Gericht nicht zur Sprache; vermutlich fuhr sie wegen der Störung an der Weiche 6 auf Ersatzsignal, und der Fahrweg war nicht gesichert. R.: »Ich habe das nicht weiter registriert.«

Dann hatte er die vom Hebel abweichende Stellung der Weichenzungen doch gesehen. Mit dem Einrückhebel versuchte er, die Weiche einzuscheren, was ihm mißlang, da er es falsch anstellte. R. war zu sehr auf die Störung an der Weiche 6 fixiert, und zum Nachdenken kam er durch wiederholte Anrufe nicht, denn gegen 22 Uhr herschte in seinem Stellwerksbezirk Hochbetrieb. R. wollte den Güterzug auf Ersatzsignal fahren lassen und da er die Weiche 6 nicht verriegeln konnte, ging er nach unten und sicherte sie mit dem Handverschluß. Wieder oben angelangt, bediente er das Ersatzsignal, was aber falsch war, denn er hatte den Fahrweg nicht wenigstens behelfsmäßig gesichert. Sonst hätte er bemerken müssen, daß bei der Weiche 3 weder im Stellwerksraum noch in der Außenanlage etwas in Ordnung war. Lokomotivführer D. fuhr los, blieb zuerst im Weichenbereich bei 40 km/h, sah das Vorsignal in Warnstellung, ohne daß sich die induktive Zugsicherung bemerkbar machte. Erst jetzt zählte er die Gleise und stellte fest, daß zwischen seinem Zug und dem Vorsignal noch ein Gleis lag. Ohne Befehl B hätte er nie in dieses Streckengleis fahren dürfen! Schlagfertig parierte er den Vorhalt: »Da ich keinen Befehl B bekam, mußte ich nicht damit rechnen, daß ich in ein falsches Gleis fahre.« Eine Logik nach Palmström: Es kann nicht sein, was nicht sein darf. Und doch konnte es sein, denn er sah das Spitzensignal eines entgegenkommenden Zuges, und zwar auf seinem Gleis! Er bremste, senkte die Stromabnehmer, rannte nach hinten und warf sich zu Boden.

»Da kommt ein Zug auf uns zu!«

Lokomotivführer H. fuhr den entgegenkommenden Triebwagenzug 3138 von Hagen, in dem die Reisenden sich über den langen Aufenthalt in Schwerte aufregten, bangten sie doch um ihre Anschlüsse in Dortmund Hbf. Das war die Zeit, als der Fahrdienstlei-

Wegen der dicht nebeneinander liegenden Streckengleise waren sich Lokomotiv- und Triebwagenführer nicht sicher, ob sie (nachts!) auf dem richtigen Gleis fuhren. Der Güterzug fuhr das Nahgleis von Schwerte.

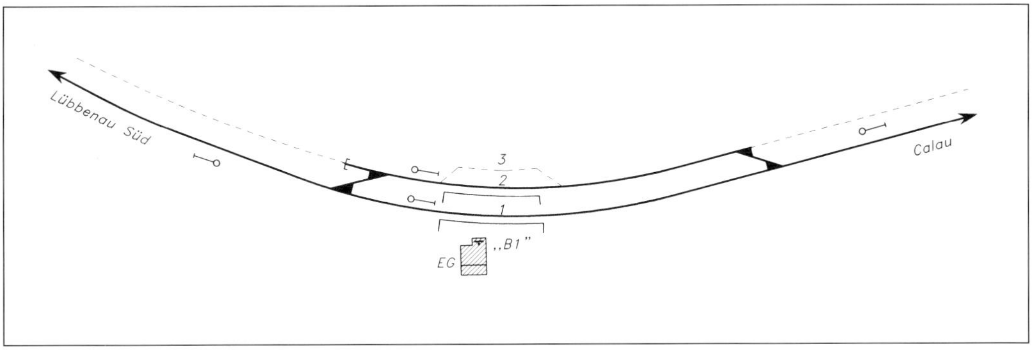

Bahnhof Bischdorf: Auf Gleis 1 stand der Personenzug nach Lübbenau, und nach Gleis 1 erhielt Einfahrt der Personenzug von Lübbenau.
Zeichnung: Pöhler

ter R. in Heide die Annahme des Zuges verweigerte. Als der Zug dann doch angenommen worden war, fuhr H. wegen einer Langsamfahrstelle nur mit 50 km/h und sah auch das »Halt erwarten« am Vorsignal; dann, als das Gleis von einer Geraden in einen Linksbogen überging, sah auch er ein Spitzensignal. H.: »Ich hatte ein komisches Gefühl, daß irgend etwas nicht stimmt.« Auch H. zählte die Gleise und war der Meinung, der Zug komme zu weit rechts.« Zum Zugführer rief ich: 'Da kommt ein Zug auf uns zu' und nach hinten: 'Alles hinlegen!'« Diese Reaktion mag beigetragen haben, daß kein Reisender schwere Verletzungen erlitt. In die Unfalltrümmer fuhr dann noch E 3138 Hannover – Köln, von dem gottlob nur die Lokomotive 110 442 beschädigt wurde.

Die Störung an der Weiche 6 behob der bereits erwähnte Signalwerkmeister. Ihn fragte der Fahrdienstleiter, ob er nicht auch die Weiche 3 in Ordnung bringen könne. Das konnte er; er ging auch mit seinem Kollegen nach unten zur Weiche, um mit Hilfe des Funkgeräts zu prüfen, ob die Weichenzungen der Hebelbewegung folgten. Daß es während ihrer Anwesenheit im Stellwerksbezirk einen Unfall gegeben haben soll, davon hatten die beiden Eisenbahner des Signaldienstes merkwürdigerweise nichts mitbekommen...

Weniger glimpflich kam die Fahrdienstleiterin F. des Bahnhofs Bischdorf (Strecke Lübbenau – Kamenz [Sachs]) davon. Das Gericht stellte fest, daß der 1. August 1994 der heißeste Tag des Jahres (in der Lausitz) war. Arbeitserschwerend kamen die morgens bereits verbrauchte Luft, ein rauchender Lokomotivführer im Dienstraum und die Überstunden hinzu. Als belastend wertete das Gericht das Versagen in einem winzigen Moment. Die Fahrdienstleiterin hatte die Einfahrt für den N 4873 freigegeben, so daß dieser mit N 3842 zusammenstieß, der

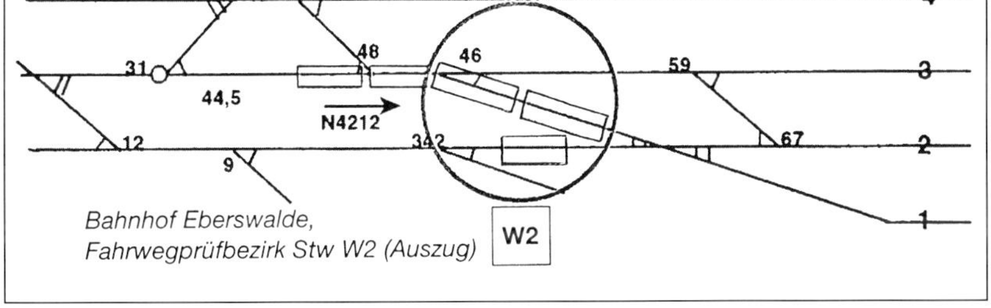

Bahnhof Eberswalde, Fahrwegprüfbezirk Stw W2 (Auszug)

4. Februar 1993 auf dem Bahnhof Eberswalde Hbf für Zug 4212 von Biesenthal nach Gleis 1. Nahe der Gleiskreuzung steht eine Lokomotive, die in die Umgrenzung des freigegebenen Fahrwegs ragt.

Folgen der oberflächlichen Fahrwegprüfung in Eberswalde Hbf: Die Lokomotive des Nahverkehrszuges reißt die abgestellte Lokomotive mit und entgleist mit allen Achsen.

auf Gleis 1 die Kreuzung abwartete. 24 Reisende wurden verletzt, es entstand über 4 Millionen Mark Sachschaden.

N 3842 war planmäßig aus Calau auf Gleis 1 eingefahren. Zu dieser Zeit hätte bereits die Vorausmeldung für den N 4873 vom Fahrdienstleiter in Lübbenau Süd eingegangen sein müssen. F. fragte nach dem Zug, er hatte fünf Minuten Verspätung. Nach dieser Nachfrage gab der Lübbenauer Fahrdienstleiter die Vorausmeldung ab, und Fahrdienstleiterin F. will, so sagt sie im Amtsgericht Lübben, den Fahrweg für den Zug geprüft haben. Er sollte nach Gleis 2 einfahren, und dafür mußten die Weichen 1 und 2 (als Flankenschutzweiche bei der vorangegangenen Einfahrt nach Gleis 1 stand sie in Richtung Stumpfgleis) gestellt werden. Während diese wenigen Handgriffe geschehen sein sollen, kam der Schaffner des Zuges 3842 in den ebenerdigen Stellwerksraum, fragte nach der Weiterfahrt seines Zuges und teilte mit, es gäbe Anschlußreisende in Richtung Berlin. Als er ging, kam der Lokomotivführer in den Raum, rauchte und ließ sich nieder. F. will die Anschlußreisenden vorgemeldet haben, doch weder der Fahrdienstleiter in Lübbenau Süd noch die Aufsicht in Lübbenau, die als Zeugen aussagten, wollen den Anruf empfangen haben.

»Wie kommt der Zug hierher?«

Nun gab die Fahrdienstleiterin die Vorausmeldung für den Zug 4873 nach Calau und für den Zug 3842 nach Lübbenau Süd, als der Lokomotivführer bemerkte: »Dahinten kommt er.« Im nächsten Augenblick hörten beide einen Knall. Der Lokomotivführer: »Ich dachte, es wäre eine Gleisverwerfung«, doch genau vor dem Dienstraum der Fahrdienstleiterin sahen beide die Trümmer des Zusammenstoßes. Die Fahrdienstleiterin zum Gericht: »Ich ging raus und fragte mich: Wie kommt der Zug hierher? Sah dann auf das Stellpult. Dort war auch die Ausfahrt aus Gleis 1 eingestellt.«

Kreuzungen in Bischdorf sind ein einfacher Vorgang bei einfachen Betriebsverhältnissen, und trotzdem kam es zu diesem Unfall. Die Vorsitzende Richterin Dr. Rauch gab sich nicht damit zufrieden, daß die Angeklagte nicht wußte, wie es dazu gekommen ist. Sie wertete die Aussage zunächst, als zweifelte die Fahrdienstleiterin an ihrer Schuld ebenso wie am Hergang, was eine Tageszeitung zu der Überschrift bewog: »Angeklagte kann sich nicht erinnern«. Am Erinnerungsvermögen lag es nicht, daß Frau F. ihr Versäumnis nicht erklären konnte. Sie, die als vorbildliche Eisenbahnerin bekannt war, versagte einen Moment – was sollte sie dazu erklären?

Drei Sachverständige, zwei vom Eisenbahn-Bundesamt, der dritte fachlich völlig unwissend von einem Automobil-Prüfverband (!), beschäftigten sich mit den Verhältnissen, und der Verteidiger glaubte, schuldmindernde schwierige Verhältnisse nachweisen zu können. Die lagen keineswegs vor. Betrachten wir die Anlagen und das Verhalten der Beteiligten. Der Bahnhof an der eingleisigen Hauptbahn Arnsdorf (b Dresden) – Lübbenau mit dem durchgehenden Hauptgleis 1 sowie dem Überholungs- und Kreuzungsgleis 2 besitzt ein Stellwerk, das aus dem Stellpult eines Gleisbildstellwerkes besteht, dessen Funktionstüchtigkeit der Richterin und dem Verteidiger suspekt war, prüfte es doch nicht auf elektrischem Wege den Fahrweg. Das oblag immer noch dem Fahrdienstleiter, und zwar durch Augenschein.

Tatsächlich handelte es sich nicht um ein herkömmliches Gleisbildstellwerk, sondern um eine »bedienerfreundliche Anlage«, die es ermöglichte, entfernt liegende Weichen und Signale mit Hilfe des elektrischen Antriebs zu bedienen. Dadurch ließen sich ein Wärterstellwerk einsparen und Frauen als Fahrdienstleiter einsetzen. Zur Zeit des Arbeitskräftemangels und als weibliche Fahrdienstleiter üblich waren, war es für die Deutsche Reichsbahn ein Geschenk, wenigstens ein solches Gleisbildpult zu bekommen. Diese Anlage wurde als Maßnahme der Wissenschaftlichen Arbeitsorganisation im Reichsbahnamt Senftenberg und in der Reichsbahndirektion Cottbus gefeiert. 1995 aber, als mehr und mehr der Maßstab der Deutschen Bundesbahn galt, konnte sich kaum noch jemand erinnern, unter welchen Umständen im Stellwerksdienst rationalisiert werden konnte. Jetzt galt das Stellwerk als antiquiert und gefährlich! Das war es nicht, auch nicht im Vergleich mit anderen Stellwerkstypen, beispielsweise mechanischen Stellwerken. Seinetwegen mußte es nicht zum Zusammenstoß kommen.

Vielmehr hatte die Fahrdienstleiterin sofort nach Ankunft des Zuges 3842 an den Tasten Hilfssperren anzubringen, die ungesichert aus Lübbenau Süd und aus Calau die Einfahrt nach Gleis 1 ermöglichten. So war keine Einfahrt eines zweiten Zuges nach diesem Gleis möglich. Die Fahrdienstvorschrift sieht diese Maßnahmen vor, wenn das Gleis voraussichtlich länger als zehn Minuten besetzt bleibt. Kopfschütteln beim Gericht. Wieso zehn Minuten? Der rhetorisch wenig begabte und unsicher wirkende Sachverständige des Eisenbahn-Bundesamtes vermochte nicht, sogleich eine Erklärung dafür zu finden. Die zehn Minuten sind letztlich ein Kompromiß zwischen der Notwendigkeit von Hilfssperren und den tatsächlichen Umständen auf stark belasteten Stellwerken: Der Fahrdienstausschuß ging davon aus, man könne die Fahrdienstleiter (auf großen Bahnhöfen) nicht durch ständiges Aufstecken und Abnehmen von Hilfssperren zusätzlich belasten; außerdem war nach menschlichem Ermessen gewiß, daß der Fahrdienstleiter eine soeben abgeschlossene Einfahrt noch nicht aus dem Gedächtnis verloren habe. Hilfssperren sind schließlich nur Hilfsmittel und keine Sicherungstechnik.

Daß jemand trotzdem nach kurzer Zeit einen Zug vergißt, mag vorkommen. Aber war das in Bischdorf der Fall? Hier war 1972 aus einem früheren Übereifer, die »absolute Betriebssicherheit« zu erzwingen, vom Reichsbahnamt Senftenberg im Bahnhofsbuch bestimmt worden, daß die Hilfssperren sofort nach Ankunft des Zuges anzubringen sind. Diese Vorschrift schützte nicht, sie war unbequem und wurde nicht eingehalten. Viel wichtiger war es, vor jeder Zugfahrt den Fahrweg zu prüfen. Hätte Frau F. diese Vorschrift befolgt, hätte sie gesehen, daß die Weichen 1 und 2 nicht nach Gleis 2 wiesen.

»Da durfte doch der Zug nicht kommen...«

Breiten Raum nahm die Vernehmung der Zeugen ein, inwieweit der Lokomotivführer sich im Dienstraum aufhalten durfte und möglicherweise die Fahrdienstleiterin ablenkte. Er durfte nicht, weil die Stellwerksvorschriften das Betreten der Stellwerksräume nur den Beschäftigten gestatten, die mit der Bedienung, Wartung und Kontrolle beauftragt sind.

Blieb der andere Lokomotivführer K., der bei einer Geschwindigkeit von 100 km/h von Lübbenau Süd das Vorsignal und Einfahrsignal erreichte. Das Vorsignal und das Einfahrsignal zeigten »Fahrt mit Höchstgeschwindigkeit« [21], da zu dieser Zeit die Fahrdienstleiterin die Durchfahrt eingestellt hatte. Nahe dem Einfahrsignal sah K. einen Streckenwärter im Gleis, gab ein Achtungssignal, und der Wärter verließ hastig den Gefahrenbereich. Der hatte für den späten Sprung aus dem Gleis eine Erklärung. » Ich sah, daß die Weiche 1 nach Gleis 1 steht und daß dort ein Zug ist. Da durfte doch der Zug von Lübbenau nicht kommen! Da der Bahnhof Bischdorf mit Lichtsignalen ausgerüstet ist, konnte er auf der Rückseite des Signalmastes das Signalbild nicht erkennen. Umsomehr überrascht war er, als der Zug trotzdem angerauscht kam. Geistesgegenwärtig gab er Haltsignale, die der Lokomotivführer auch bemerkte. Er bediente die Schnellbremsung und den Sandstreuer, doch die 320 m Bremsweg, die der Zug in Bremsstellung R benötigte, waren zu lang, um vor dem anderen Zug zum Halten zu kommen. Mit der Geschwindigkeit von 46 km/h prallte er auf ihn auf. Der Sachverständige L. wies an Hand des Indusi-Streifens nach, daß die Bremsung durch die Haltsignale des Streckenwärters ausgelöst wurde. Hätte der Lokomotivführer erst gebremst, als er den Zug sah, zuzüglich der »Schrecksekunden«, so wäre der Zug mit 70 km/h aufgefahren, der Schaden wäre weitaus großer gewesen.

Wieso reagierte der Lokomotivführer auf das Signal »Hl 1« nicht mit Vorsicht? Er hätte doch wissen müssen, daß das Signal für eine Fahrt nach und aus Gleis 1 galt, er aber hatte nach Gleis 2 zu fahren. Auch hier quälten sich die Erklärungen und die verwunderten Fragen durch den Gerichtssaal, weil Lokomotivführer und Sachverständiger offenbar vergessen hatten, daß bei der Deutschen Reichsbahn bzw. der Deutschen Bahn seit den zwanziger Jahren die Wegesignalisierung von der Geschwindigkeitssignalisierung abgelöst wurde. Der Lokomotivführer hatte (und hat) die Geschwindigkeitsbegriffe am Signal zu beachten und sich keine Gedanken darüber zu machen, für welchen Fahrweg das Signalbild wohl gilt. Das würde einen streckenkundigen Lokomotivführer überfordern und hat auch keinen praktischen Wert. Daraus konnte man ihm »keinen Strick drehen«.

So blieb die Schuld bei der Fahrdienstleiterin F., der man noch Monate nach dem Unfall den Schrecken ansah. Sie wurde zu einer Geldstrafe verurteilt. Auf den Antrag von F.'s Verteidiger, die Höhe so zu bemessen, daß Frau F. als nicht vorbestraft gilt, ging das Gericht nicht ein.

Ein Blick in die Schweiz: Am Morgen eines Junitages 1992 sollte ein Zug der Züricher S-Bahn auf dem Bahnhof Richterswil (Strecke Zürich HB – Chur) vorzeitig enden und Verstärkungswagen aufnehmen. In Richterswil sind weder »verkürzte« noch Einfahrten in besetzte Gleise möglich. Der Gleisstromkreis verhindert dies. Um das Einfahrsignal trotzdem auf Fahrt stellen zu können, bediente der Fahrdienstleiter in Wädenswil, von wo aus die Anlage Richterswil gesteuert wird, an der Fernsteueranlage eine Hilfstaste, vergaß aber die Automatik auszuschalten, so daß Einfahr- und Ausfahrsignal »Fahrt frei« zeigten. Außerdem übersah er, daß nicht ein S-Bahn-Zug, sondern der Ersatzzug des verspäteten »Wiener Walzers« nahte, dessen Lokomotivführer sich auf die Durchfahrt eingerichtet hatte. Beim Zusammenstoß mit der Wagengruppe wurden 48 Personen verletzt, der Sachschaden belief sich auf rund drei Millionen Franken. 500 Franken Geldbuße mußte der Fahrdienstleiter zahlen. Überraschend zeigte der Staatsanwalt Verständnis für den SBB-Fahrdienstleiter: Die Bedienung der Hilfstaste sei bei Zugverspätungen gerechtfertigt. Die Generaldirektion der SBB sah das aber anders: Sicherheit gehe der Pünktlichkeit vor. Die Betriebsabteilung untersagte auch die Wendemanöver dieser Art.

Oberflächliche Prüfung

Nicht die klassische Fahrwegprüfung, sondern Oberflächlichkeiten beim Prüfen, ob der Zug ein Schlußsignal habe, als Zeichen, daß er vollständig ist, führten bei Plettenberg (Strecke Hagen – Siegen) am 5. Dezember 1991 zu einem schweren Eisenbahnunfall, der aus mehreren Gründen öffentliches Aufsehen erregte. Einmal, weil zwei Eisenbahner auf ganz unterschiedlichen Arbeitsplätzen versagten, und zum zweiten, weil sich die Rettungsarbeiten ungebührlich verzögerten, sah sich doch keiner der zur Unfallstelle geeilten Fachleute in der Lage, die elektrische Oberleitung zu erden.

Lokomotivführer Sch. hatte in Gießen-Bergwald den ICG 55 926 Würzburg – Duisburg übernommen, den er nach Hagen-Vorhalle bringen sollte. 20 Minuten nach der Abfahrt in Gießen – er hatte gerade Ehringshausen durchfahren – legten plötzlich die Bremsen an. Ein Blick zum Manometer: Druckabfall in der Hauptluftleitung – vermutlich eine Entgleisung. In solchen Fällen reißen die Kupplungen, die Druckluft der Bremse entströmt und bringt den Zug zum Halten.

Die Störung meldete Sch. über Zugfunk der Betriebsleitung und ließ vorsichtshalber das Nachbargleis sperren. Dann stieg er vom Führerstand und stapfte im Böschungsgraben in Richtung Zugschluß. Im hinteren Zugdrittel hörte er das Zischen aus einer Bremskupplung. Die Gummischläuche dieser Kupplung waren überkreuz gekuppelt und undicht. Normalerweise soll nicht überkreuz gekuppelt werden, weshalb jede Stirnseite der Wagen über zwei Bremskupplungen verfügt, so daß mit der jeweils gegenüber liegenden Kupplung gekuppelt werden kann. Bei der hier angewandten Kupplung werden die sehr gestreckten Gummischläuche durch die Schlingerbewegungen während der Fahrt stark beansprucht, so daß es dazu kommen kann, daß sich die Kupplungsköpfe trennen – erst recht, wenn die Wagenkupplungen nicht straff gespannt sind.

Der Lokomotivführer beseitigte den Schaden, wie er später der Kriminalpolizei sagte, und setzte nach zehn Minuten seine Fahrt fort. Um 3.43 Uhr fuhr er durch Plettenberg. Zwei Minuten später fiel erneut der Luftdruck ab, der Zug bremste bis zum Stillstand, die Zugspitze stand hinter dem Bahnübergang in Kilometer 44,632. Sch. meldete der Betriebsleitung in Essen die Störung. In der irrigen Annahme, die Ursache der ersten Störung werde auch die der zweiten sein, lieferte er der Betriebsleitung auch gleich die Begründung für den außerplanmäßigen Halt: »Ich habe hinten einen, der Schlauch ist auseinandergegangen. Ich habe das heute schon mal gehabt ... Es ist also im letzten, also im hinteren Zugteil, und da geht der Schlauch auseinander, weil da sind Wagen – wie soll ich das erklären –, also Wagen, die haben nur einen Schlauch, und diese Schläuche sind so quasi über Kreuz. Das ist ein bißchen kurz ... Ich muß mich jetzt wieder nach hinten begeben.«

Während er den Zug entlang lief, hupten ungeduldige Fahrer auf der parallel zur Strecke geführten Straße, denn der Zug versperrte einer Anzahl Pkw und Lkw den Bahnübergang. Sch. fand die frühere Undichtigkeit nicht, statt dessen sah er am Zugschluß eine herunterhängende Wagen- und ebenso die Bremskupplung mit dem geöffneten Absperrventil. In diesem Moment hätte ihm klar werden müssen, daß eine Zugtrennung vorlag. Dafür gab es mehrere Anhalte, die der Sachverständige dem Schöffengericht nannte:

1. Der Bremskupplungschlauch hing herunter.
2. Der Luftabsperrhahn war geöffnet.
3. Der Luftabsperrhahn eines belgischen Wagens besaß (anders als bei deutschen Wagen) eine Sperrklinke. Er kann nur bedient werden, wenn die Sperrklinke gelöst oder eingerastet wird. Selbst wenn ihm diese besondere Bauart nicht bekannt war, so hätte er beim Schließen des Luftabsperrventils diese Klinke bedienen müssen, und dabei hätte ihm einfallen müssen, daß das Ventil (bzw. der Absperrhahn) sich weder selbst geöffnet haben konnte noch daß er mit geöffneten Hahn gefahren sein konnte.
4. Die Schraubenkupplung hing herunter.
5. Das Zugschlußsignal fehlte.
6. Die Nummer des letzten Wagens entsprach nicht der auf der Wagenliste und nicht der auf dem Bremszettel, die vorsorglich notiert wird, damit bei Verdacht einer Zugtrennung schnell geprüft werden kann, ob der Zug vollständig ist.
7. Sch. war nur 257 Meter bis zum Zugschluß gegangen gegenüber 358 Metern, die er bei der ersten Störung bis zum »hinteren Zugteil« laufen mußte.

Sch. erkannte nur die ersten beiden Punkte, sah sich nicht weiter um und dachte nicht nach. Offenbar beeindruckten ihn die hupenden Kraftfahrer sehr. Er schloß das Luftabsperrventil und kehrte zur Lokomotive zurück. Vom Anhalten bis zum Weiterfahrten benötigte er – so wurde es später dem Staatsanwalt vorgerechnet – ganze 9 1/2 Minuten. Jetzt beging Sch. den nächsten Fehler: Dem Fahrdienstleiter in Plettenberg, der die Reihenfolge der Züge auf der Strecke regelt, sagte er kein Wort vom Anhalten und nichts von seinen Feststellungen. Als er den Bahnhof Altena durchfuhr und für zwei Minuten die Fahrdrahtspannung ausfiel, fragte er über Funk den Fahrdienstleiter in Plettenberg, was das soll, doch der wußte keine Erklärung (das war der Moment des Zusammenstoßes des nachfolgenden Zuges mit der stehengebliebenen Wagengruppe, wovon aber beide zu diesem Zeitpunkt nichts ahnten). Wenige Minuten danach dämmerte es Sch., daß er gar nicht auf das Zugschlußsignal geachtet hatte. Er setzte sich nochmals mit dem Fahrdienstleiter von Plettenberg in Verbindung, und der konnte ihm nur mitteilen, daß ein Zug in den Streckenabschnitt eingefahren und entgleist sei.

Endlich in Hagen-Vorhalle holte Sch. das nach, was er vor der Weiterfahrt auf der freien Strecke hätte tun müssen: Er verglich die Nummer des letzten Wagens mit der in der Wagenliste. Sie stimmte nicht überein. Statt – laut Wagenliste – mit 27 Wagen war er nur mit 18 Wagen angekommen.

Allein das Versäumnis des Lokomotivführers mußte nicht zum Unfall führen. Noch gab es die Fahrdienstleiter, die zu prüfen hatten, ob ein Streckengleis geräumt ist, bevor sie den nächsten Zug einließen. Als der ICG 55 926 den Bahnhof Plettenberg durchfuhr, sollte ihm Sgk 52 042 Singen – Hagen Gbf folgen. Im Normalfall prüft die Sicherungstechnik, ob das Streckengleis frei geworden oder noch besetzt ist. Ein sogenannter Achszählkreis zählt die Impulse der in einen Blockabschnitt ein- und wieder ausfahrenden Achsen. Ist die Differenz Null, ist das Gleis geräumt. Der Lichtstreifen auf der Meldetafel in Richtung Strecke leuchtet dann weiß, die Fahrstraße und das zugehörige Ausfahrsignal können bedient werden. Mißt aber die Anlage eine Differenz, gilt das Gleis als besetzt. Dann bleibt es bei der Rotausleuchtung, die Signale in Richtung des Abschnitts sind gesperrt.

Dieser Zustand bestand, als der Fahrdienstleiter den Wärter auf Stellwerk »Pn« beauftragte, die Fahrstraße festzulegen und das Ausfahrsignal auf Fahrt zu stellen. Auf der Meldetafel war das Streckengleis rot ausgeleuchtet, und das bedeutete: es war besetzt. Der Fahrdienstleiter vermutete eine Störung, wie sie während der Umstellung auf die neue Sicherungsanlagen in den letzten Tagen oft vorkam. Vermutete er deshalb eine Zugtrennung? Nein, der Zug war ja eben durchgefahren. Andererseits hätte ihn dessen lange Fahrzeit stutzig machen müssen. Jetzt meldete noch die Betriebsleitung Essen den Fahrdienstleitern, der Zug sei wegen eines Schlauchschadens liegengeblieben, so daß erst recht niemand an eine Zugtrennung dachte. Noch egalisierte der Fahrdienstleiter nicht die Rotausleuchtung, sondern veranlaßte, wie es vorgeschrieben ist, beim Fahrdienstleiter des vorgelegenen Bahnhofs Werdohl eine sogenannte Räumungsprüfung.

Die Räumungsprüfung ist nichts anderes, als daß sich der Beauftragte durch Augenschein davon überzeugt, daß ein Streckenabschnitt geräumt ist. Davon kann er überzeugt sein, wenn er das Schlußsignal des Zuges sieht, und das bestand bei der Deutschen Bundesbahn aus einer rückstrahlenden rot-weißen Blechtafel, die an den letzten Wagen gesteckt wird (bei der Deutschen Reichsbahn waren deren zwei vorgeschrieben). »Die Räumungsprüfung umfaßt die Feststellung, daß der Zug, der den Abschnitt zuletzt befahren hat, mit Zugschluß an der Signal-Zugschlußstelle des Hauptsignals am Ende des Zugfolgeabschnitts vorbeigefahren ist…«, hieß es unter Paragraph 15 der DB-Fahrdienstvorschrift.

Der Werdohler Fahrdienstleiter blickte von seinem Stuhl aus, den Hörer des Fernsprechers ans Ohr gedrückt, auf den durchfahrenden Zug. Er will das Signal gesehen haben und meldete den Zug nach Plettenberg zurück. Was er vielleicht gesehen haben kann, war kein Signal, sondern ein roter Farbklecks, der von einer Reparatur der Stirnwand des Güterwagens zurückgeblieben war.

Der Plettenberger Fahrdienstleiter betätigte die Grundstelltaste der Achszählanlage. Jetzt ließ sich das Ausfahrsignal auf Fahrt stellen, und der Zug 52042 fuhr durch den Bahnhof Plettenberg in die Finsternis der Strecke. Nach einem Rechtsbogen trafen die Lichtstrahlen der Lokomotive auf die Zugschlußscheibe der stehengebliebenen Wagengruppe. Da war die Zugspitze 300 Meter vor ihr. Erst 100 Meter zuvor konnte der Lokomotivführer das Schlußsignal erkennen; der Güterzug brauchte aber, obwohl er in Bremsstellung P gefahren wurde, bis zum Anhalten 600 Meter Bremsweg. Der Zusammenstoß war nicht abzuwenden.

Um 4.05 Uhr stieß er auf die Gruppe von neun Wagen. Fünf wurden vollständig zerstört und aus dem Gleis geworfen, die Lokomotive völlig eingedrückt, der Lokomotivführer eingeklemmt und lebensgefährlich verletzt.

Blick aus dem Befehlsstellwerk in Werdohl.
Bei Dunkelheit sollte der Fahrdienstleiter das – nicht beleuchtete – Schlußsignal erkennen.
Foto: Peide

Die Retter griffen nicht ein

Jetzt begann der zweite Akt des Dramas. Den Unfall meldete ein Anwohner der Polizei, und die schickte Feuerwehr und Rettungswagen zur Unfallstelle. Der Fahrdienstleiter in Plettenberg will nichts davon erfahren haben. Als die Retter und Helfer vor der Lokomotive standen und den schreienden Lokomotivführer hörten, griffen sie nicht ein. Zuerst mußte die herunterhängende Oberleitung abgeschaltet und geerdet werden, doch dazu fand sich niemand. So wurde er erst gegen 7 Uhr geborgen und starb um 9.40 Uhr im Krankenhaus.

Wie kam es zu der Trennung zwischen dem 18. und 19. Wagen? Der Zustand der Schraubenkupplung und die Spuren an den Bahnübergängen vor der Unfallstelle belegten eindeutig, daß die herunterhängende Kupplung des 18. Wagens bei jedem Hindernis mit Wucht nach oben geschlagen hatte. Vor der Unfallstelle mußte sie die eingehängte, aber nicht fest angezogene Kupplung des 19. Wagens herausgeschlagen haben, so daß sich auch die Schläuche der Bremskupplung lösten und der Zug anhielt. Die Wagenkupplung muß nicht bereits auf dem Zugbildungsbahnhof Würzburg heruntergehangen haben, sie kann sich auch während der Fahrt aus der Halterung gelöst haben.

Der sechzigjährige Lokomotivführer Sch. zeigte sich im Gerichtssaal als gebrochener Mann; den Dienst bei der Deutschen Bundesbahn hatte er quittiert. Er wurde zu 60 Tagessätzen zu je 40 Mark auf Bewährung verurteilt. Aber: Gehörte nur er auf die Anklagebank? Auch gegen die beiden Fahrdienstleiter ermittelte der Staatsanwalt. Der von Werdohl, der den Farbklecks für ein Schlußsignal gehalten hatte, kam mit einer Geldbuße davon. Beim Plettenberger Kollegen prüfte der Staatsanwalt, ob er sich der fahrlässigen Körperverletzung strafbar gemacht hatte, indem er die Erdung der beschädigten Oberleitung verzögerte, eine Angelegenheit, die die örtliche Presse be-

Aus dem Hubschrauber: Wie nach einem Luftangriff sah es an der Unfallstelle aus.
Foto: van de Wall

Die herunterhängende Kupplung. Schlug sie vielleicht nach oben? Foto: Peide

Die Kupplung des zehnten Wagens war schwergängig und wurde in Würzburg sicherlich deshalb nicht festgezogen. Bei zusammengedrückten Puffern ließ sie sich leicht aushängen. Rechts der Farbklecks, den der Fahrdienstleiter für ein Signal hielt. Foto: Peide

gierig aufgriff. Doch schlüssig konnte nicht geklärt werden, wer wen wann verständigte. Der Fahrdienstleiter blieb bei seiner Aussage, keine »eigentliche Unfallmeldung« erhalten und auch sonst kaum etwas über den Unfall erfahren zu haben. Auf jeden Fall gab es unmittelbar nach dem Zusammenstoß keinen, der zielstrebig an das Erden der Oberleitung ging. Dabei standen die Erdungsstangen nur etwa einen Kilometer vom Unfallort entfernt in einer Bahnübergangsbude. Erst nach mehr als zwei Stunden nach dem Unfall trafen Erdungsstangen an der Unfallstelle ein, und die herunterhängende Oberleitung konnte geerdet werden. Dann begann die Bergung des schwerverletzten Lokomotivführers. Die Deutsche Bundesbahn bemühte sich nun, die Feuerwehren in Nordrhein-Westfalen gleich denen in anderen Bundesländern (zum Beispiel Rheinland-Pfalz) zum Erden der Oberleitung zu befähigen, aber der In-

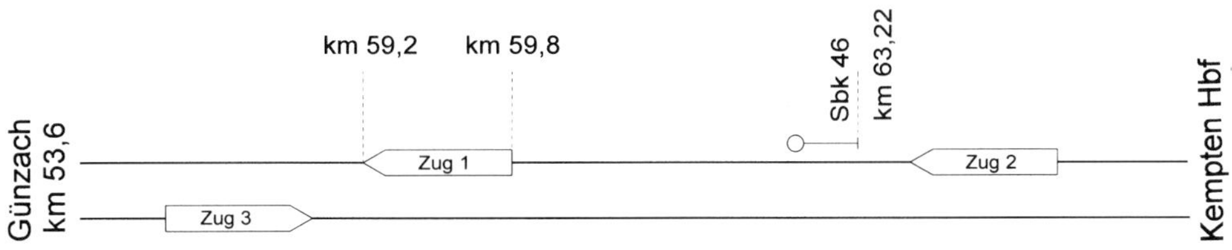

Die Streckensituation zwischen Kempten und Günzach. Zeichnung: Pöhler

nenminister lehnte ab, das sei nicht Sache der Feuerwehr, sondern der Bahn.

Vier Jahre nach diesem Vorfall, am 9. Februar 1995, die Parallele in Franken. Als der Nahgüterzug 55611 im Bahnhof Pressig-Rothenkirchen (Strecke Halle – Nürnberg) durchfuhr, erhielt er eine Zwangsbremsung. Der Lokomotivführer lief zum letzten Wagen und bemerkte einen geöffneten Lufthahn. Den schloß er, meldete die Beobachtung auch dem Fahrdienstleiter und setzte seine Fahrt fort. Doch obwohl der Zug den Bahnhof und den Streckenabschnitt nach Stockheim geräumt haben sollte, blieb der Abschnitt, in dem der Zug angehalten hatte, auf dem Stelltisch des Fahrdienstleiters rot ausgeleuchtet. Was vermutete der Fahrdienstleiter? Eine Störung! Er bat den Nachbar-Fahrdienstleiter um die Rückmeldung des Zuges. Die konnte der aber nicht geben, da er das Zugschlußsignal nicht gesehen hatte. Daraufhin erlaubte der Fahrdienstleiter in Pressig-Rothenkirchen dem folgenden Nahverkehrszug 6709, auf Ersatzsignal und mit Vorsichtsbefehl (Höchstgeschwindigkeit 40 km/h, Fahren auf Sicht!) in den Streckenabschnitt einzufahren. Bei Dunkelheit und leichtem Schneefall stieß der Zug nach etwa 450 m mit der stehengebliebenen Wagengruppe zusammen. 24 Personen wurden zum Teil schwer verletzt.

Erneut erwies sich die schnelle Feststellung einer vermeintlichen Störung als verhängnisvoll, und auch der Vorsichtsbefehl als eine Art Auftrag, den Fahrweg zu erkunden, war untauglich. Beide Lokomotivführer verhielten sich äußerst leichtfertig, da sie aus

Entgleiste und umgestürzte Wagen des Übergabezuges 69457. Foto: Breubeck

Zwangsbremsung und geöffnetem Luftabsperrventil keine Schlüsse zogen sowie 40 km/h Höchstgeschwindigkeit für das Fahren auf Sicht als normale Geschwindigkeit ansahen (dazu später mehr). Indessen erörterten Darmstädter Verkehrswissenschaftler, ob man nicht angesichts der selbsttätig wirkenden Druckluftbremsen der Züge ganz auf das Zugschlußsignal verzichten könne. Nach Plettenberg und weiteren Vorfällen solcher Art sind solche Diskussionen lebensfremd, abgesehen davon, daß der Verzicht auf das Zugschlußsignal zum Verzicht der Zugbeobachtung verleitet. Kommt es zur Zugtrennung, wären die Eisenbahner auf den Vergleich von aufgeschriebenen und tatsächlichen Wagennummern angewiesen, um festzustellen, ob ein Zug vollständig ist. Das Zugschlußsignal gibt sofort die Gewißheit, daß der Zug vollständig ist. Seit 1. September 1996 fahren sämtliche Güterzüge mit zwei Tafeln des Schlußsignals. Der Unfall bei Plettenberg mag dazu beigetragen haben, wenn es auch heißt: »Als Teil eines Maßnahmenpaktes zum verbesserten 'Fahren auf Sicht'...« sei diese Verbesserung entschieden worden.[22] Tatsächlich ist es bei Deutscher Bundes- und bei Deutscher Bahn wiederholt zu schweren Zusammenstößen beim Fahren auf Sicht gekommen.

Das eklatanteste Beispiel dafür ist das Unglück vom 24. Oktober 1994 bei Wildpoldsried (Strecke Buchloe – Kempten [Allgäu]). Dort war um 19.40 Uhr der aus 43 leeren Kesselwagen bestehende Üg 69457 in einer Steigung von 9,9 Promille und einem Linksbogen von 350 m Halbmesser wegen schlüpfriger Schienen liegengeblieben. Als Lokomotivführer K. dies dem Fahrdienstleiter in Kempten Hbf meldete, erfuhr er von ihm, daß ihm ein Güterzug folge. K. versuchte erneut die Anfahrt. Vergeblich! Er meldete erneut dem Fahrdienstleiter, daß es keinen Zweck habe, das Anfahren zu versuchen. Er befinde sich jetzt mit der Zugspitze in km 49,4.

Der Kemptener Fahrdienstleiter sperrte das Gleis und verständigte mit Hilfe des Zugfunks den Lokomotivführer des nachfolgenden Üg 69459, der sich zwischen Kempten und dem Selbstblocksignal 46 befand, über den liegengebliebenen Zug, dessen Schluß sich »etwa in km 50,0« befinden müsse. Dem Vorschlag, den Zug anzuschieben, stimmte der Lokomotivführer zu. Daraufhin erhielt er den Befehl C mit dem Auftrag »mit höchstens 40 km/h und auf Sicht zwischen Kempten und Wildpoldsried zu fahren vom Selbstblocksignal 46 bis km 43,8«.[23]

In die Unfallstelle fuhr ein Leertriebwagenzug. Foto: Breubeck

Der Lokführer sah den Zugschluß nicht

Die Standard-Vorschrift im Befehl C (Vorsichtsbefehl), im gesamten Blockabschnitt mit höchstens 40 km/h fahren, ist umstritten, denn bei Dunkelheit sind auch bei klarer Sicht 40 km/h viel zu schnell.

»Auf konkrete Kilometerangaben, an welchem Punkt sich das Fahrzeug im Gleis befindet, wird in solchen Situationen generell verzichtet [...] Dadurch reduziert sich zugleich das Risiko etwaiger Übertragungsfehler bei der Standortangabe des Fahrzeuges im Gleis«, erklärte die Deutsche Bahn. Unglücklicherweise trug der letzte Wagen kein beleuchtetes Schlußsignal. Ein weiterer unglücklicher Umstand war, daß es sich bei den letzten Wagen um Flachwagen handelte, die in einem Gleisbogen standen. Eine helle Wagenwand hätte das Spitzenlicht der Lokomotive reflektiert, so jedoch sah der Lokomotivführer den Zugschluß nicht. Von den beim Zusammenstoß entgleisten 19 Wagen stürzten einige den Bahndamm hinunter, andere standen im Profil des Nachbargleises, in die auch noch der Leertriebwagen 33818 fuhr. Das Ergebnis des nicht beherrschten Betriebsverfahrens? Drei verletzte Lokomotiv- bzw. Triebwagenführer, Schäden von 2 Millionen Mark am Triebwagenzug 628 245/928 245, ein Schaden von einer halben Million Mark an der Lokomotive 218224, 200000 Mark am Oberbau und die Differenz bis zum Schrottwert der Güterwagen, von den Kosten des Schienenersatzverkehrs, der Umleitungen und der Verspätungen abgesehen.

Offensichtlich kam keiner der Fachleute auf die Idee, daß es Lokomotivführer gibt, die noch nie auf Sicht gefahren sind (das Verfahren stammt aus dem Krieg) und über keine Erfahrungen zum angemessenen Verhältnis zwischen Sicht und Geschwindigkeit verfügen, sich bei völliger Dunkelheit also leicht verschätzen können. Das Eisenbahn-Bundesamt wertete das Fehlverhalten des Lokomotivführers als Führungsproblem. Das Amtsgericht Kempten sah das auch so, es verfügte einen Strafbefehl über 3000 Mark statt einer ordentlichen Verurteilung. Besser wäre es gewesen, den Zug nur von der – beleuchteten und im Standort genau zu bestimmenden – Zugspitze aus abzuschleppen oder – bei Beachtung weiterer Vorschriften – einen Teil in den Bahnhof zu fahren. Die Beteiligten entschieden sich für die schlechtere Variante, weil sich bereits ein Zug im Blockabschnitt Wildpoldsried – Blocksignal 46 befand.

Weil es wiederholt zu Unfällen beim Fahren auf Sicht infolge überhöhter Geschwindigkeit kam, bestimmte am 5. August 1996 der Geschäftsbereich Traktion der DB AG unter Hinweis auf mehrere Unfälle die Geschwindigkeiten beim Fahren auf Sicht:

bei Tag und sichtigem Wetter höchstens 40 km/h
bei Dunkelheit und sichtigem Wetter höchstens 15 km/h
bei unsichtigem Wetter Schrittgeschwindkeit.
Lokomotiven, Trieb- und Steuerwagen werden mit Scheinwerfern ausgerüstet.

Damit griff der Geschäftsbereich – gewollt oder nicht – auf bittere Erfahrungen der Deutschen Reichsbahn beim Permissiven Fahren zurück. Die Lokomotivführer der Deutschen Reichsbahn, die auf dem Berliner Außenring häufig auf Sicht fuhren, wo bis zum 31. Dezember 1992 das Permissive Fahren zugelassen war, haben viel Lehrgeld gezahlt für die Unterschätzung der Geschwindigkeit. Bei der Deutschen Bahn darf der Lokomotivführer nun auch eine Fahrt ablehnen, die er wegen der Umstände nicht verantworten kann.

[15] Der Begriff Drucktastenstellwerk wurde für die Relaisstellwerke mit Darstellung des Gleisbildes als Wandbild oder als Tischfläche bei der Deutschen Bundesbahn nach 1965verwendet, bei der Deutschen Reichsbahn nannte man sie Gleisbildstellwerk. Einzelheiten in: Preuß, Stellwerke deutscher Eisenbahnen, Stuttgart 1996.

[16] Bei der Deutschen Reichsbahn galt der Plural Fahrdienstvorschriften, ging man doch davon aus, daß jeder Satz, jeder Absatz eine Vorschrift ist. Der Deutschen Bundesbahn gefiel Vorschrift nicht, sie kam auf Druckschrift, die Deutsche Bahn auf Richtlinie und Modul. Statt dem modern anmutenden Modul könnte man auch Teilheft sagen, aber nur die Vorschrift drückt das Verbindliche aus!

[17] Wie sich der Lokomotivführer tatsächlich verhielt, wurde weder im Ermittlungs- noch im Hauptverfahren untersucht, denn der Indusi-Registrierstreifen wurde nicht ausgewertet.

[18] Dieses »Anschauungsmaterial« führte dazu, vom geplanten Mischbetrieb Fern- und S-Bahn während der Sanierung der Berliner Stadtbahn abzusehen, da die S-Bahn-Fahrzeuge den Reisenden bei einem etwaigen Zusammenstoß mit einem Fernzug noch weniger Schutz bieten.

[19] Einzelheiten in Preuß: Eisenbahnunfälle in Europa, transpress Berlin 1991, S. 155 ff.

[20] Frankfurter Allgemeine Zeitung vom 1. April 1993

[21] Signal Hl 1

[22] BahnPraxis, Berlin, 7/1996

[23] In km 43,8 ist der Sitz des Fahrdienstleiters von Günzach.

4. Nicht bei der Sache?

Das Sicherheitsrisiko Lokomotivführer

Ein dpa-Korrespondent berichtete im Juli 1996 von einem Gespräch mit Hans-Heinrich Grauf, dem Referatsleiter des Eisenbahn-Bundesamtes (wohlgemerkt: das ist die Aufsichtsbehörde auch der Deutschen Bahn AG, wenn es um ihre technische Sicherheit geht), in dem es um die bereits bekannten Fälle ging, daß Lokomotivführer abfahren, obwohl die Voraussetzungen dafür nicht bestehen. Sie mißachten das haltzeigende Ausfahrsignal und geraten in den Fahrweg des einfahrenden Zuges, so daß es zum Zusammenstoß mit schweren Folgen kommt. Von der dpa ging am 29. Juli 1996 eine Kurz- und eine Langversion (mit Beispielen) an die Redaktionen, und mehrere Zeitungen übernahmen die Überschrift: »Sicherheitsrisiko Lokführer: Mit Blackout in die Katastrophe«

Des Referatsleiters Gedanken zu den Ursachen las man so: »Angesichts solcher Fehlleistungen steht auch Grauf häufig vor einem Rätsel: 'Ich gehe davon aus, daß die Lokführer erfahrene Leute und auch keine Selbstmörder sind', meint der Experte für Bahnunfälle. Natürlich hätten manche Lokführer aus persönlichen Gründen 'Aussetzer'. Immer öfter stießen die Unfallprüfer aber auch auf Fehler beim Bahn-Management, stellt Grauf fest. So gebe es Probleme mit der 'inneren Führung' bei der Deutschen Bahn AG, die zu Bundesbahn-Zeiten unbekannt gewesen seien.[24] Die Aufteilung der Bahn in einzelne Unternehmenssäulen habe auch die Kommunikation verschlechtert, meint Grauf. Auch seien viele Lokführer 'verunsichert', weiß der Behörden-Vertreter. »Viele treibt die Sorge um ihren Arbeitsplatz um. Das führt dazu, daß die Leute nicht mehr so bei der Sache sind«, berichtet Grauf unter Berufung auf Gespräche mit Lokführern.«

Wie zu erwarten war, wurde dieser dpa-Bericht von der Deutschen Bahn AG dementiert unter der Überschrift: »Sicherheit hat höchste Priorität. Jährlich 250 Mio für sicherheitsrelevante Aus- und Fortbildung«. In der Presse-Information vom 29. Juli 1996 ist von sorgfältiger Ausbildung, Sicherheitstraining, Ausbau des Zugfunks, der induktiven Zugbeeinflussung, Modernisierung der Bahnübergänge, von Mitteln für die Aus- und Fortbildung die Rede (was von Grauf nicht in Abrede gestellt wurde). »Die Kommunikation ist sichergestellt und seit Beginn der Bahnreform auf die neue Unternehmensstruktur ausgerichtet. Jeder Lokführer der DB AG kennt die betrieblichen Abläufe.« Schließlich werden Zahlen (1995 mehr als 1,3 Milliarden Reisende, 300 Millionen Tonnen in Güterzügen) genannt, ohne ein Wort über die Zahl der Unfälle und die der Betroffenen zu verlieren. Diese Information schien den Redaktionen offenbar weniger interessant.

Daß Graufs Hinweise berechtigt waren, zeigen nicht nur die Beispiele der neunziger Jahre, sondern auch interne Veröffentlichungen der Deutschen Bahn AG, bei der die Unfälle des »Typs Rüsselsheim«, wie »Die Welt« den dpa-Bericht aus dem Eisenbahn-Bundesamt titelte, aufgelistet waren. In den ersten sechs Monaten des Jahres 1995 acht derartige Ereignisse. Hinzu kommen jene, die nicht publik wurden oder sich nicht bei der Deutschen Bahn AG ereigneten. Die Berechtigung von Graufs Vermutung, es gebe einen Zusammenhang mit der Führung, erklären auch die Ausführungen des DB-AG-Vorstandsvorsitzenden Heinz Dürr auf der Teilbetriebsräteversammlung 1995, der Brief eines Lokomotivführers habe ihn betroffen gemacht, der die

»irren Auswirkungen der Divisionalisierung« als Gefahrauslöser ausgemacht hatte.

Grenzen der Technik

Der Auftakt zu den Unfällen der Art »Fahren gegen das haltzeigende Signal«, wie sie bei der Deutschen Bahn genannt wird, war die Katastrophe von Rüsselsheim, obgleich es bereits vorher Unfälle oder Zuggefährdungen mit gleicher Ursache gab.[25]

Zuerst zu Rüsselsheim: Der Triebwagenführer eines S-Bahn-Zuges hatte am 2. Februar 1990 die Warnstellung des Vorsignals aufgenommen, sie aber nach dem Halt am Bahnsteig vergessen. Er fuhr mit großer Beschleunigung am haltzeigenden Ausfahrsignal vorbei, wo der Zug durch den Gleismagneten eine Zwangsbremsung erhielt. Der Bremsweg reichte allerdings bis in den Fahrweg des einfahrenden Zuges, mit dem er auch zusammenstieß. 16 Tote und 100 Verletzte schreckten die Öffentlichkeit auf. Während die Öffentlichkeitsarbeiter der Deutschen Bundesbahn sich auf den Slogan »Grenzen der Technik« zurückzogen, setzte sich auf Geheiß des Bahn-Vorstandes eine Gruppe von Fachleuten zusammen, die beriet, wie man zu einer induktiven Zugbeeinflussung komme, die solche Katastrophen ausschließt. Das Ergebnis ließ lange auf sich warten. Inzwischen mehrten sich die Vorfälle der gleichen Art.

Aus dem Nahgüterzug 5691, der am 21. Dezember 1991 auf dem Bahnhof Annaberg-Buchholz Süd (Strecke Schwarzenberg [Erzgeb] – Annaberg-Buchholz unt Bf) ankam, stieg der ortsunkundige Zugführer und hielt nach der Aufsicht Ausschau. Was er nicht sah: Der Lokomotivführer blinkte in diesen Augenblicken mit den Scheinwerfern, so daß der Wärter auf dem Stellwerk »W 2« meinte, mit dem Zug solle rangiert werden. Er bediente das Signal »Ra 12« (zwei nach rechts aufsteigende weiße Lichter – Rangierfahrtsignal). Der Zugführer wiederum dachte, der Bahnhof sei unbesetzt und gab den Abfahrauftrag, worauf der Lo-

Vor Raisdorf, aus Richtung Preetz, lag die Unfallstelle. Zeichnung: DB

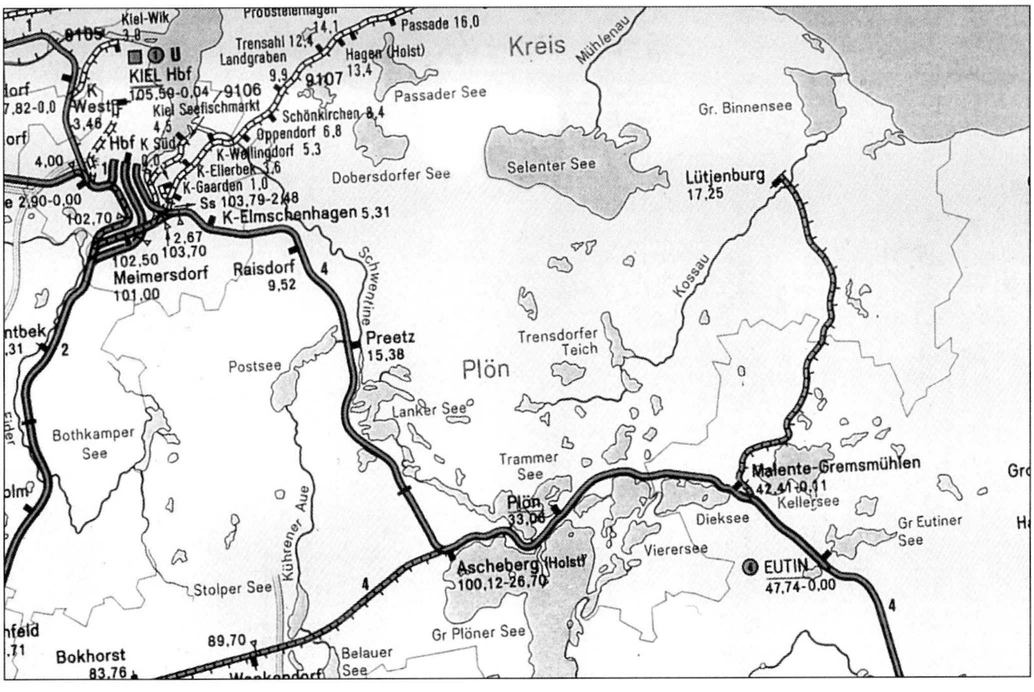

komotivführer in Richtung unterer Bahnhof abfuhr. Das Ausfahrsignal zeigte »Halt«, aber der Lokomotivführer will das Rangierfahrtsignal als Ersatzsignal gesehen haben, obwohl das Ersatzsignal der Deutschen Reichsbahn ein weißes Blinklicht zeigt, also mit dem Signal Ra 12 nicht verwechselt werden kann (siehe Raisdorf 22. Dezember 1993). Die »gefährliche Unregelmäßigkeit«, wie sich die Zuggefährdung seit 1991 durch die Harmonisierung mit den Vorschriften der Deutschen Bundesbahn nennt, war der Hauptdienststelle Annaberg-Buchholz nicht einmal Anlaß, den Vorgesetzten mitzuteilen, bis wohin der Zug fuhr. Nur der Stellwerkswärter erhielt eine »Pflichtenmahnung«; sonst geschah nichts.

Rangier- und Ersatzsignal verwechselt

Bei Raisdorf (Strecke Lübeck – Kiel) hatte das Verwechseln von Rangier- und Ersatzsignal ganz andere Auswirkungen – für den Eisenbahner und die Reisenden. Dort gab es durch den Zusammenstoß des Eilzuges 3004 mit einem Schwerkleinwagen (Skl) am 22. Dezember 1993 einen Toten, 45 Verletzte, darunter mehrere sehr schwer. Der erste Wagen des Eilzuges war umgestürzt, der zweite Wagen stand quer zum Gleis, der Skl und die Hänger wurden zerstört.

Zwei Motorwagen und zwei Hänger, die mit Gerätschaften zum Schweißen sowie Propangasflaschen beladen waren, fuhren als Sonderzug 80601 um 7.52 Uhr in Raisdorf auf Gleis 2 ein. Auf Gleis 1 stand ein Nahverkehrszug nach Kiel. Als H., der Kleinwagenfahrer, am Empfangsgebäude vorüberfuhr, sah er die Fahrdienstleiterin U. Das Ausfahrsignal zeigte »Halt«. H. meinte, er werde bald weiterfahren können. Was H. nicht wußte: Der Aufenthalt in Raisdorf war nicht allein wegen des inzwischen ausfahrenden Nahverkehrszuges nötig, sondern auch wegen des Eilzuges 3004, der sich von Preetz näherte.

Es wäre für die Fahrdienstleiterin einfach gewesen, diesen Eilzug ebenfalls nach Gleis 1 einfahren zu lassen. Doch die Bahnhofsfahrordnung sah für diesen Zug das Gleis 2 vor. Hätte der Zug über Gleis 1 fahren müssen, wären Ein- und Ausfahrt auf 40 km/h begrenzt gewesen. Das und den Fahrzeitverlust wollte U. nicht riskieren und entschloß sich statt dessen, den Skl nach Gleis 1 umzusetzen. Dazu war allerdings notwendig, den H. über Weg, Zweck und Ziel der Rangierfahrt (nach DB-Vorschriften »Rangiervereinbarung« genannt) zu unterrichten. Vor allem mußte er wissen, daß die weiteren Bewegungen eine Rangierfahrt sein sollten, er also auf keinen Fall ohne besondere Vorkehrungen auf die freie Strecke übergehen durfte.

Direkt mit H. sprechen konnte U. nicht, der 300 m lange Weg war ihr zu weit. Sie benutzte statt dessen die Lautsprecher auf dem Bahnsteig, die jedoch für die Verständigung in ein Fahrzeug mit dröhnendem Dieselmotor, das nicht am Bahnsteig stand, untauglich waren. Der Fahrdienstvorschrift gemäß sprach die Fahrdienstleiterin zweimal über die Lautsprecher: »Skl setzt um nach Gleis 1« (was H. nicht hörte - der Sachverständige erfand dafür den Begriff des »einseitigen Dialogs«). Danach gab sie das Signal »Sh 1«.

H. indes war ganz anders »gepolt«. Er erwartete kein Signal, das einer Rangierfahrt galt, sondern eins, das ihm die Weiterfahrt in Richtung Lübeck erlaubte. Plötzlich rief sein Mitfahrer: »Du hast drei Helle« (so wollte es H. gehört und er wollte das Signal auch gesehen haben). Drei Helle soll – das bestätigte auch der Sachverständige – der übliche Jargon für das Ersatzsignal der Deutschen Bundesbahn sein: drei weiße Lichter in Form eines A. H. dachte: »Bestimmt eine Signalstörung.« Am Signalschirm waren aber nur »zwei Helle« erschienen, die für das »Signal Sh 1« gelten (zwei nach rechts aufsteigende weiße Lichter), mit dem der Fahrdienstleiter einer begleiteten Rangierfahrt zustimmt oder eine unbegleitete zur Fahrt beauftragt.

H. fuhr auf die freie Strecke. Er blieb

später im Amtsgericht Plön bei seiner Aussage, drei Helle gesehen zu haben. Das Gericht sah sein Verschulden als erwiesen an und verurteilte ihn zu einer Freiheitsstrafe von zehn Monaten bei zwei Jahren Bewährung sowie einer Geldbuße von 2400 Mark.

Der Unfall von Raisdorf und die Verhandlung in Plön offenbarten verschiedene Umstände, die diesen tragischen Ablauf zumindest begünstigten:

- das antiquierte Signalsystem der Deutschen Bundesbahn. Abgesehen davon, daß es unlogisch ist, ein Rangierfahrtsignal als Schutzhaltesignal zu bezeichnen, ist die Verwechslungsgefahr mit dem Ersatzsignal »Zs 1« groß. Die Deutsche Reichsbahn hatte sich deswegen bereits vor Jahrzehnten für das blinkende Ersatzsignal (ein Licht) entschieden. Das neue Ks-Signalsystem entspricht dieser Variante.
- der fehlende Zugfunk zwischen Bad Schwartau und Lübeck. Immerhin ist die Strecke Hauptbahn! Die Fahrdienstleiterin hatte keine Gelegenheit, den Lokomotivführer vom E 3004 zu warnen oder Nothalt zu geben. Heinz Dürr sagte am 2. November 1994 der schleswig-holsteinischen Ministerpräsidentin Heide Simonis zu, die Strecke mit Zugfunk auszurüsten.
- die Pünktlichkeit als oberstes Gebot anstelle der Sicherheit. Zug 80601 mußte nicht umgesetzt werden. Er hätte auf die Kreuzung mit E 3004 warten können und wäre dann auf Signal ausgefahren. Rechtfertigten zwei oder drei eingesparte Minuten derartige Folgen?

Gestrüpp von Widersprüchen

Das erweiterte Schöffengericht am Amtsgericht Wernigerode verurteilte am 22. Februar 1996 den Lokomotivführer B. zu sechs, den Zugführer T. zu zehn Monaten Freiheitsstrafe, beide auf Bewährung und zu einer Geldauflage von je 3000 Mark. Sie sollen die Schuldigen des Eisenbahnunfalls sein, dem das Interesse der Öffentlichkeit weit über die Region hinaus galt, gehören doch die Harzer Schmalspurbahnen (HSB) mit ihrem Zugbetrieb auf den Brocken zu den bekanntesten Eisenbahnunternehmen in Deutschland und Europa.

Über das Unternehmen fiel am 21. August 1994 ein Schatten. In der Nähe des Kreuzungsbahnhofs Drängetal (Strecke Nordhausen Nord – Wernigerode) stießen die Personenzüge N 8934 (99 7222 und sieben Wagen) von Brocken sowie N 8937

Am halbrunden Tisch vor den Richtern nahmen die beiden Angeklagten, ihre Verteidiger und die Zeugen Platz.
Foto: Reiner Preuß

(199 892 und sieben Wagen) von Wernigerode zusammen. Dabei wurden 54 Personen verletzt, davon neun erheblich. Der Sachschaden belief sich auf 1,5 Millionen Mark. Die Frage, wieso Zug 8934 nicht im Bahnhof Drängetal die planmäßige Kreuzung mit Zug 8937 abwartete, konnte nicht sofort geklärt werden, weil sich die Beteiligten in einem Gestrüpp von Widersprüchen verwickelten – bis in die dreitägige Hauptverhandlung hinein. Zur Beruhigung der Öffentlichkeit bedienten sich sowohl das Landratsamt als auch die Harzer Schmalspurbahnen bewährter Methoden, indem beide in einer Anzahl von Punkten feststellten, »daß ein Betrieb ohne Wahrung höchster Sicherheitsvorkehrungen und -standards nicht möglich ist.« Dabei wurden auch Beispiele von Vorschriften und technischen Einrichtungen genannt, die mit dem Zusammenstoß in keinem Zusammenhang stehen. Der damalige Geschäftsführer argumentierte wie in Marketing-Kreisen üblich: »Wichtig für unsere Kunden ist, festzustellen, daß die Eisenbahn im Vergleich zu anderen Verkehrsmitteln zu den sichersten gehört.« Das Gericht war anderer Meinung. Im Urteil mußte sich die HSB-Geschäftsführung die mangelhafte technische Ausstattung (gemeint waren die Funkgeräte), die sorglose Handhabung der Vorschriften, die mangelhafte Überwachung des Personals bei der Dienstausübung (Richter Tesch: »äußerst bedenklich«) vorwerfen lassen.

Ob die Vorschriften für den vereinfachten Nebenbahndienst auf der Strecke Wernigerode – Drei Annen Hohne noch zeitgemäß sind, davon war bei Gericht keine Rede. Diese Vorschriften regeln Kreuzungen allein nach dem Fahrplan und/oder fernmündlicher Verständigung, also ohne Signale. Die gab es einst auf dem Bahnhof Drängetal. Bis 1977 wurde auf der Strecke Wernigerode – Nordhausen nach den Fahrdienstvorschriften der DR verfahren. Die Bahnhöfe besaßen Einfahrsignale, und die Züge erhielten zur Ab- oder Durchfahrt den Abfahrauftrag durch den Fahrdienstleiter bzw. die Aufsicht. Die Reihenfolge der Züge regelten die Fahrdienstleiter. Am 25. September 1968 ist der Bahnhof Drängetal stillgelegt worden, zumal durch den Wegfall der Brockenzüge 1961 der Zugverkehr zurückgegangen war. 1977 verkehrten zwischen Wernigerode Westerntor und Drei Annen Hohne acht Zugpaare, am Wochenende zehn. Da die Deutsche Reichsbahn,

Das alte Stellwerk in Drängetal (1971). Links neben ihm lag das Rückdrückgleis. Dieses und die Hauptsignale wurden nicht in Betrieb genommen, als der neue Bahnhof am 17. Mai 1993 eröffnet wurde. Foto: Reiner Preuß

besonders auf Nebenbahnen, vom Arbeitskräftemangel geplagt war, hatte man auf vielen Strecken den vereinfachten Nebenbahndienst eingeführt, um Fahrdienstleiter zu sparen. Seit 1977 galt dies auch auf der Strecke Wernigerode Westerntor – Drei Annen Hohne, wo nun ein Zugleiter (der vormalige Dispatcher) von Wernigerode Westerntor aus den Zugbetrieb regelte. Kreuzungen sind im Fahrplan vorgeschrieben. Ebenso steht darin, welcher Zug zuerst einzufahren hat. Der Zugführer dieses Zuges stellt die Weichen für den zweiten Zug, der Lokomotivführer läßt durch ein Pfeifsignal dessen Einfahrt zu. Für die Weiterfahrt der Züge ist fernmündlich die Genehmigung des Zugleiters einzuholen.

Um dieses Verfahren zu beschleunigen, ließ die Reichsbahndirektion Magdeburg in Niedersachswerfen und in Steinerne Renne Rückfallweichen einbauen und nahm 1979 den Funkbetrieb auf.[26] Dabei handelte es sich um Funktechnik mit damals in der DDR üblichen Geräten, die nur das Prinzip des offenen Funknetzes zuließen. Der Vorteil war: Bei Kreuzungen brauchte der Zugführer nicht mehr zum Streckenfernsprecher zu laufen, sondern konnte die Zuglaufmeldung auf dem Führerstand der Lokomotive oder von jedem beliebigen Punkt des Bahnhofs absetzen. Dieses Funksystem war seinerzeit bereits primitiv. Im übrigen Netz führte die Deutsche Reichsbahn das selektive Funksystem MESA ein, bei dem der Lokomotivführer nur die Meldungen hört, die ihn betreffen.

Die HSB-Geschäftsleitung wertet das offene Funksystem positiv, da der Lokomotivführer stets die Positionen der anderen Züge auf dem betreffenden Netzteil kennt. Ob das wirklich möglich ist und ob es nützt, ist fraglich. Zu den Aufgaben eines Lokomotivführers gehört es nicht, Streckenmanager zu sein. Auch am Unfalltag wäre es für B. wichtiger gewesen, nicht die Position der anderen Züge zu verfolgen, sondern sich nach dem Buchfahrplan zu richten. Und der gebot Halt in Drängetal. B. mißachtete jedoch den Fahrplan und fuhr durch - bis zum Zusammenstoß. Er, der vor Gericht als Vorschriftenfuchs bezeichnet wurde, gab zu, den Halt übersehen zu haben. Unerklärlich blieb ihm, wie es zu diesem Fehler kam. »Vielleicht war es ein Ölfleck auf der Scheibe über dem Fahrplan«, fragte er sich, »überhaupt ist es sehr dunkel dort, wo der Fahrplan hängt.« Wahrscheinlich hatte B. gar nicht an einen Halt auf dem Bahnhof

Fassungslos sind Reisende und das Zugpersonal über das Unglück. Am Boden liegt der schwer verletzte Lokomotivheizer. Foto: Bein

Wer auf dieser Bühne stand, wurde verletzt. Foto: Bein

Drängetal gedacht, zumal er selten vorkommt. B. wird gar nicht auf den Fahrplan gesehen haben, der übrigens für einen anderen Zug aufgeschlagen war. Wozu brauchte man ihn auf der Schmalspurbahn? Man wußte auch so, wann und wie zu fahren ist.

Wer aber war noch verantwortlich dafür, daß der Fahrplan eingehalten wird? Der Lokomotivheizer? Für ihn war das Verfahren abgetrennt worden, da er sich bei dem Unfall schwer verletzt hatte. So blieb der Zugführer. Der zog alle Register, um sich der Verantwortung zu entziehen. Angeblich hatte es eine Auseinandersetzung mit Betrunkenen auf der offenen Bühne eines Wagens gegeben. Nur hatte davon keiner der Zeugen etwas bemerkt, auch nicht die Zugschaffnerinnen. Die hatten ihren Zugführer im Gepäckwagen gesehen. Und dieser hätte, da er ebenfalls den Fahrplan nicht nur kannte, sondern auch für dessen Einhaltung zu sorgen hatte, die Notbremse bedienen müssen. Ein Glück wäre es für ihn gewesen, hätte auch die HSB gleich der Deutschen Bahn den KiN erfunden[27] – ohne Aufgaben im Betriebsdienst. Dann hätte nur der Lokomotivführer Verantwortung für die Sicherheit des Zugbetriebs zu tragen...

Maßgebend ist der Fahrplan

Zur Entlastung der Angeklagten sollten Funklöcher und unhandliche Geräte herhalten, wie überhaupt neuerdings bei Gericht, wenn es um Eisenbahnunfälle geht, viel über den Zugfunk der Bahn gesprochen wird, geradeso, als käme es nur noch auf diese »Rückfallebene« an. Doch maßgebend für den Zugverkehr im vereinfachten Nebenbahndienst ist der Fahrplan, und den hat auch der Zugführer zu beachten. Inwieweit konnte der Lokomotivführer des N 8937 das Unheil abwenden? Der Sachverständige hatte errechnet, daß der bergauf-

Das Buchfahrplanblatt des Unglückszuges. Hatte es der Lokomotivführer überhaupt gelesen?

N 8934 Brocken – Wernigerode

Hg max **40** km/h
Lok BR 72 **Last: s. Anhang** **P** Mbr **60**

1	2	3	4	5	6	7	8	9	10
19,0	20	Brocken .... Zlmst		12.59					Bfdl
		18,6							
16,6	30	Zlst Brockenmoor							
		14,0							
	25								
		13,8					wegs.		Tf,
13,6	40	Goetheweg .... Zlmst	+ 11	20	8935		ins		Zsm Tf
		11,2					R-Gl.		
10,9	25	Zlst Eckerloch							
		10,1							
	40								
		8,7							
8,6	30	Zlst Bobbahn							
		5,7 E							
5,4	25	Schierke A .... Zlmst	36	43	8920			Halt	Bfdl
		5,2							
	30								
		4,1							
	25	Abst Lf 4/5 = 90 m							
		3,9							
2,9	30	Zlst Knaupsholz							
		2,0							
0,0	25	Drei Annen Hohne .... Zlmst	13.56	14.03				Halt	Bfdl
46,4		48,7							
	20								
		50,1							
50,6	25	Drängetal .... Zlmst	+ 14	17	8937				Tf
54,5		Steinerne Renne	27	27					
		54,6							
	20								
		54,9							
56,2	25	Wernigerode Hasserode ...... Zlmst	32	33	8907				Tf
58,0		Wernigerode Kirchstr Hp	38	38					
59,5		Wernigerode Westerntor ▽	43	44					
		Lf4/5 = 200 m							
60,5	15	Wernigerode	14.48						

Harzer Schmalspur Bahnen HSB

41

fahrende Zug mit 25 km/h Geschwindigkeit fuhr. Den entgegenkommenden N 8934 sah der Lokomotivführer in einer Entfernung von 80 m. Bei 200 m Bremsweg bestand keine Chance, vor dem Zusammenstoß zum Halten zu kommen.

Vom gleichen Unfalltyp war eine andere »Privatbahn« betroffen: 14 Verletzte gab es am 12. Oktober 1995 beim Zusammenstoß von Personen- und Güterzug bei Harsefeld (Strecke Bremervörde – Buxtehude). Der Triebwagenführer hätte in Harsefeld die Kreuzung mit dem Güterzug abwarten müssen. Der Zugverkehr der Verkehrsbetriebe Elbe-Weser findet als Zugleitbetrieb mit Funk wie beim vereinfachten Nebenbahnbetrieb statt.

Daß eine gewisse Routine schädlich sein kann, die dem Umstand zu verdanken ist, daß der Zugbetrieb (zumindest auf bestimmten Strecken) planmäßig verläuft, lehrt der Zusammenstoß am Morgen des 24. Januar 1992 auf dem Bahnhof Lehrte. Bei dichtem Nebel fuhr der aus der Lokomotive 141 309 und fünf Wagen bestehende Nahverkehrszug 4119 in Richtung Hildesheim ab. Im Steuerwagen saßen Lokomotivführer B. vom Bahnbetriebswerk Löhne und ein zweiter Lokomotivführer, der streckenkundig werden sollte. Das Ausfahrsignal zeigte »Hp 1« (Fahrt) mit der Kennziffer 8, das dabei stehende Vorsignal »Vr 2« (Langsamfahrt erwarten). Der Zug durfte daher im folgenden Abschnitt eine Geschwindigkeit bis zu 80 km/h erreichen. Im Gleis 069, das der Zug anschließend befuhr, stehen die Zwischensignale Q 069/y^{II} und Y 819/n^{VIII}. Vor dem ersten Zwischensignal liegt ein 500-Hz-Indusi-Gleismagnet, der überwacht, ob der Lokomotivführer das Warnstellung zeigende Vorsignal durch entsprechend verringerte Fahrgeschwindigkeit beachtet – ansonsten kommt es zur Zwangsbremsung. Vor dem zweiten Zwischensignal gibt es keinen derartigen Überwachungsmagneten.

Das Zwischensignal Q 069 zeigte das Bild »Hp 2« (Langsamfahrt), weshalb von

Lehrte 1992: Die Rettungskräfte bargen vier Tote und 45 Verletzte aus den Trümmern. Foto: dpa/Weihs

diesem Signal an nur mit 40 km/h gefahren werden durfte. Das Vorsignal am gleichen Mast zeigte »Vr 0« (Zughalt erwarten). Schließlich zeigte das Signal Y 819 Halt. Es konnte nicht auf Fahrt stehen, weil der Nahverkehrszug 4120 (Lokomotive 141 183 und fünf Wagen) entgegenkam, der über die Weichen 813, 814, 812 und die anschließende eingleisige Verbindungskurve zum Bahnsteiggleis 11 fahren sollte. Der Zug mußte dieses Gleis benutzen, weil man über diese – durch Überführungsbauwerke kreuzungsfreie – Fahrstraße nur das Bahnsteiggleis 12 erreichen kann, ohne den eingleisigen Abschnitt zu benutzen.

Zug 4119 mußte unbedingt vor dem Signal Y 819 halten. Er stieß aber mit dem Zug 4120 zusammen. Es kam zu vier Toten und 45 Verletzten, gut zwei Drittel der Reisenden waren betroffen. Dieser Unfall – die Katastrophe von Rüsselsheim am 2. Februar 1990 war noch in Erinnerung – gab zunächst ein Rätsel auf, so daß die Frankfurter Allgemeine Zeitung noch eine Woche danach titelte: »Wieder der gleiche Fehler?« Der Autor wunderte sich schon deshalb, weil die Strecke Lehrte – Hildesheim neu und so gebaut worden war, daß die südöstlich gelegene Ausfahrt von Lehrte »entschärft« worden sein sollte. Sie sollte flüssiger und zugleich sicherer gemacht werden; denn die kreuzungsfreie Einfädelung verringert die Punkte möglicher Kollisionen, die bei Anlagen ohne derartige Gleisführung selbst dann bestehen, wenn sie signaltechnisch gesichert sind.

»Wir sind froh, daß der Unfall im Fernsehen nicht an erster Stelle kam.«

Was in Lehrte passierte, blieb bislang unter Verschluß, schrieb die Zeitung, und bei der Hauptabteilung Presse und Öffentlichkeitsarbeit der Deutschen Bundesbahn in Frankfurt (Main) hieß es auf die Frage, ob man nicht wenigstens in der Mitarbeiterzeitung etwas zu diesem Unfall schreiben sollte: »Wir sind froh, daß der Unfall im Fernsehen nicht an erster Stelle kam.« Damit war die Angelegenheit abgeschlossen, die erneut fragen läßt, wieso es trotz induktiver Sicherung hinter haltzeigenden Signalen immer wieder zu Zusammenstößen kommt

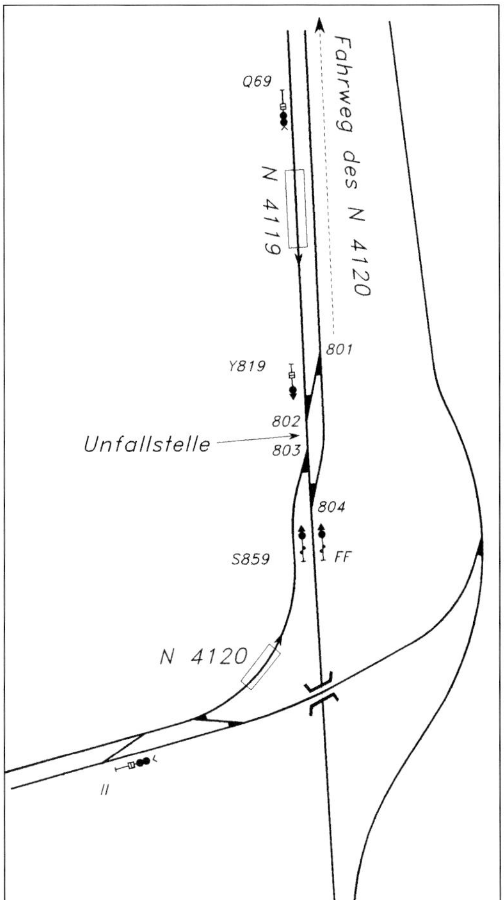

Der Lokomotivführer des N 4119 hätte vor dem eingleisigen Abschnitt, vor dem Signal Y 819, anhalten müssen.
Zeichnung: Pöhler

Daß der Umbau in Lehrte eben keine kreuzungsfreie Einfädelung brachte, wissen wir bereits. Verfolgen wir das Verhalten des Lokomotivführers B. weiter. Er beachtete das die Warnstellung zeigende Vorsignal, denn er bediente die Wachsamkeitstaste. Dann beschleunigte er den Zug auf 75 km/h, kam zum Signal Q 069, wo er abermals wegen des Signals »Vr 0« (Zughalt erwarten) die Wachsamkeitstaste bediente und den Zug wegen der Stellung des Hauptsignals »Hp 2« (Langsamfahrt, 40 km/h) auf 64 km/h abbremste. Hätte hier ein Überwachungsmagnet gelegen, wäre es jedoch nicht zur Zwangsbremsung gekommen, denn der Zug unterschritt die Prüfgeschwindigkeit von 65 km/h um 1 km/h. Dann aber sah B. das Signal Y 819 in der Haltstellung und bediente die Schnellbremsung. Der Zug kam 135 m hinter dem Signal zum Halten. Zu spät, er war in den Fahrweg des einfahrenden Zuges gerutscht.

Der aufmerksame Leser wird sich wundern, wieso der Lokomotivführer nach dem Vorsignal am Bahnsteig, das die Warnstellung zeigte, den Zug beschleunigte, als habe es »Fahrt erwarten« gezeigt. Auch daß er an einem Signal, das nur 40 km/h Geschwindigkeit erlaubte, mit 75 km/h vorbeifuhr, daß er nach dem zweiten Vorsignal in Warnstellung, das zum Signal Y 819 gehörte, die Geschwindigkeit nur unwesentlich verminderte, als habe er kein haltzeigendes Signal zu erwarten, und das bei Nebel! War der Lokomotivführer von Sinnen?

Er erklärte dem mitfahrenden Kollegen den Verlauf der Fahrt nach Hildesheim, bei der sie wegen des Nebels und Schneegestöbers die Signale nicht von weitem erkennen konnten. Mehr routiniert (dynamischer Stereotyp) bediente B. die Wachsamkeitstaste, wenn er an ein Vorsignal in Warnstellung kam. Das Hauptsignal am Bahnsteig signalisierte ihm 80 km/h, die er bis zum Zwischensignal Q 069 nicht erreichte, statt dessen dort 40 km/h signalisiert bekam. Diese Geschwindigkeitsabsenkung hat nicht ihre Ursache in einem abzweigenden Gleis (Weiche mit dem Bogenhalbmesser von 300 m), sondern soll wegen des fehlenden Durchrutschweges hinter Signal Y 819 den Lokomotivführer zur langsamen Annäherung an dieses Signal bewegen.

B. hatte noch nie Halt am Signal Y 819 erhalten und demzufolge nie am Signal Q 069 die Stellung »Hp 2« gesehen. Ihm sind die Signalbilder am Unfalltag im Unterbewußtsein als anormal erschienen, weshalb er die Geschwindigkeit von 75 km/h auf 64 km/h ermäßigte. Der Unfall hätte nur vermieden werden können, wäre der Zug bereits am Signal Q 069 angehalten worden. Bei Nichtbeachtung dieser Haltstellung hätte der 2000-Hz-Magnet gewirkt, und der Zug wäre noch vor dem Signal Y 819 zum Halten gekommen.

Hier haben wir das »schöne« Beispiel, daß eine optimierte Anlage (mit Zugeständnissen, aus welchen Gründen auch immer) stets ein Risiko in sich birgt, ist doch das menschliche Verhalten nicht zu kalkulieren. Da hilft auch nicht der Verweis auf Vorschriften und Signale. Die erwähnte Routine oder Gedankenlosigkeit mag so weit gehen, daß ein Lokomotivführer gar nicht mehr hinsieht, ob das Ausfahrsignal »Fahrt frei« zeigt, sondern im Unterbewußtsein den Bahnhof verläßt.

»Sch..., zu früh bedient!«

Schneverdingen, ein Bahnhof mit zwei Gleisen im schönsten Teil der Lüneburger Heide, wurde am 15. Juni 1995 zum Schauplatz einer Katastrophe aus gleicher Ursache. Sch. sollte mit dem Trieb- und Steuerwagen der Baureihe 628/928 den Zug 4912 von Soltau nach Buchholz (Nordheide) fahren. In Soltau erfuhr er, ein Zug nach Hamburg sei ausgefallen und der Anschluß-Eilzug von Hannover verspätet. Sch.'s Zug fuhr daher mit einigen Minuten Verspätung ab, bis Schneverdingen war die Verspätung eingeholt. Nun war die Abfahrtszeit heran, das Ausfahrsignal zeigte »Fahrt frei«. Sch. schloß die Türen und fuhr ab. Acht Meter

Frühes Ende eines Klassenausflugs. Foto: dpa/Vornholt

vor dem Ausfahrsignal steht ein Bahnübergangs-Überwachungssignal (BÜ-Signal), das stets dunkel bleibt (worauf noch zurückzukommen ist). Dazu gehört ein Gleismagnet, der sowohl als 2000-Hz-Magnet mit dem Ausfahrsignal als auch als 1000-Hz-Magnet mit dem BÜ-Signal geschaltet ist. Der Triebwagenführer bediente die Wachsamkeitstaste der induktiven Zugbeeinflussung (Indusi) als Bestätigung, daß er das BÜ-Signal («Halt vor dem Bahnübergang! Weiterfahrt nach Sicherung«) beachtet hatte.

Nach wenigen Metern setzte die Zwangsbremsung ein, und Sch. fluchte: »Scheiße, zu früh bedient!« Auf dem Tableau im Führerstand leuchtete die Warnlampe auf, die ihm zeigte, daß die Bremsen auf den Indusi-Magneten reagierten. Er löste die Bremsen aus und fuhr weiter, sah das zweite BÜ-Signal, das vermeintliche BÜ-Wiederholungssignal, das weißes Blinklicht zeigte: »Der Bahnübergang darf befahren werden«. Es schien alles in bester Ordnung, da sah Sch. plötzlich einen entgegenkommenden Zug. Er bremste, wollte herausspringen, wurde aber gegen die Tür geschleudert.

Die Wucht des Zusammenstoßes bei 32 km/h Geschwindigkeit des einen und 17 km/h des anderen Zuges zertrümmerte die Fahrzeuge und verletzte den Triebwagenführer T. sehr schwer. Getroffen hatte es außerdem über fünfzig Schüler und Lehrer - mehrere sehr schwer -, die von Hamburg einen Ausflug in die Heide unternahmen, weil ihre Schule von Teilnehmern des 26. Deutschen Evangelischen Kirchentages belegt war.[28]

Wie kam es zu diesem Zusammenstoß? Stimmte die Version, wie sie der noch nach einem Jahr sichtlich erschütterte Triebwagenführer vor dem Schöffengericht in Soltau schilderte? Nein. Er hatte sich mindestens zweimal geirrt. Der schlimmste Irrtum war: das Ausfahrsignal zeigte nicht »Fahrt frei«, sondern »Halt« (Warum er drei Minuten vor der planmäßigen Abfahrtszeit abfuhr, konnte er nicht erklären). Das Ausfahrsignal kann nicht auf Fahrt gestanden haben; sonst hätte er nicht die Weiche 11 aufgefahren, die erheblich beschädigt wurde, denn als spitzbefahrene Weiche im Fahrweg des Zuges, der von Handeloh Einfahrt hatte, war sie verriegelt. Wäre die Ausfahrt aus Gleis 1 nach Handeloh freigegeben gewesen, wäre die Weiche 11 nicht aufgefahren worden.

Triebwagenführer T., der von Handeloh kam, sah das Einfahrsignal in der Stellung

»Hp 2« (Langsamfahrt) und wurde auch nicht vom Indusi-Magneten zwangsgebremst. Beides – Ausfahrt aus Gleis 1 und Einfahrt nach Gleis 2 – geht nicht. Die Strecke Soltau – Buchholz (Nordheide) ist eine Nebenbahn und verfügt über Streckenblock sowie, wie es auch bei Nebenbahnen der Deutschen Bundesbahn Standard war, über die induktive Zugbeeinflussung (Indusi). Deshalb machte die Beweisaufnahme im Gericht keine Schwierigkeiten. Sch. mußte sich geirrt haben, was er schließlich auch einräumte.

Wieso fuhr er nach der Zwangsbremsung weiter? Diese zunächst unbegreifliche Reaktion war die Folge des zweiten Irrtums, der mit dem ersten nicht zusammenhängt. Sch. ging von einer Fehlbedienung der Wachsamkeitstaste für den 1000-Hz-Magneten aus, also für den Magneten, der die Beachtung des BÜ-Signals verlangt. Nicht dieser, sondern der 2000-Hz-Magnet hatte sich bemerkbar gemacht, da das Hauptsignal, an dem Sch. vorbeigefahren war, Halt zeigte. Hätte Sch. diesen Zusammenhang erkannt, wäre er nicht weitergefahren, sondern hätte mit dem Fahrdienstleiter Kontakt aufgenommen, um einen Befehl A zur Weiterfahrt zu bekommen. Gewiß hätte ihm der Fahrdienstleiter gesagt, es gibt keinen Befehl, weil Zug 4911 Einfahrt hatte. Er hätte das Einfahrsignal auf Halt gelegt.

Sch. wurde zu einer Freiheitsstrafe von zehn Monaten bei dreijähriger Bewährung und einer Geldbuße von 5000 Mark verurteilt. Mit der Strafe könnte die Sache abgetan sein für das »Schlafen des Triebwagenführers«, wie sich ein leitender Angestellter des Geschäftsbereichs Nahverkehr der Deutschen Bahn ausdrückte, gäbe es nicht auf der anderen Seite die Reisenden, die ihr Leben und ihre Gesundheit nicht allein einem Triebwagenführer mit seinen schwachen Momenten anvertrauen wollen, sondern mehr Sicherheit möchten.

Technische Vorkehrungen zur Sicherheit auf Nebenbahnen zu fordern, wie sie auf Hochgeschwindigkeitsstrecken bestehen, schießen über das Ziel hinaus. Obwohl ein Fachmann der Redakteurin einer Wirtschaftszeitung eindringlich die Zusammenhänge zwischen Sicherheit und Wirtschaftlichkeit erklärte sowie auf das Maß technischer und organisierter Sicherheit auf Nebenbahnen hinwies, erschien am 29. Juni 1995 ein Beitrag mit der Schlagzeile »Quasi blind« und der Unterzeile: »Bahnfahren könnte sicherer sein. Doch aus Kostengründen setzt die Deutsche Bahn AG die vorhandene Sicherheitstechnik nicht auf allen

Fernsehaufnahmen, bevor die Hauptverhandlung am Amtsgericht Soltau begann: Im Hintergrund der angeklagte Triebwagenführer und sein Verteidiger. Foto: Hoppe

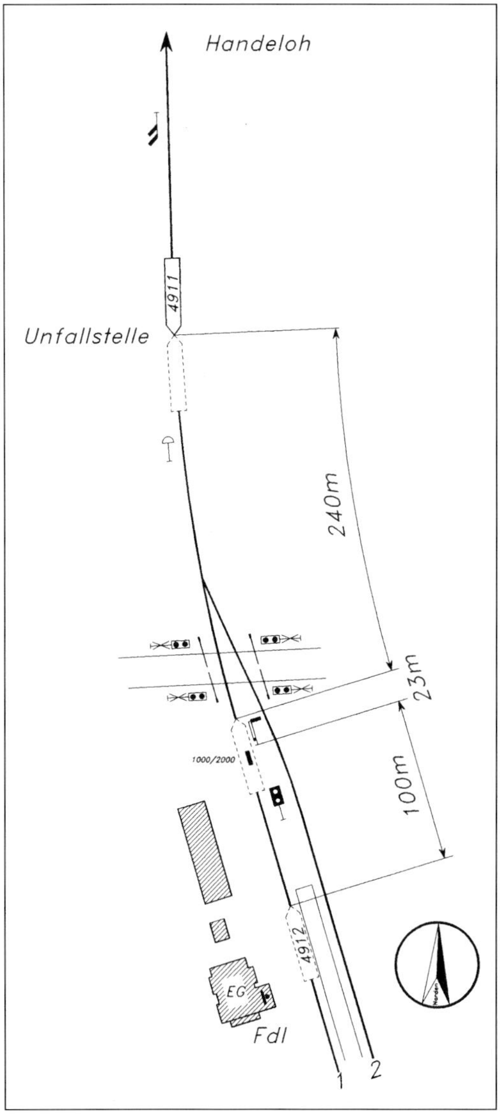

Der 2000-Hz-Magnet reagierte. Konnte es auch der 1000-Hz-Magnet sein?
Zeichnung: Pöhler

Die »Lokführer-Falle«, der Magnet mit der Doppelfunktion, am Ausfahr- und am dunkel geschalteten Bahnübergangsüberwachungssignal.

Strecken ihres Schienennetzes ein.« Die Gescholtene hatte wenig Mühe, diesen Beitrag zurückzuweisen.

Trotzdem: Diese Fragen sind bei fast allen Unfällen dieses Abschnitts zu stellen: trägt nicht auch die strikte Rationalisierung dazu bei, daß niemand den Irrtum eines Lokomotivführers korrigiert? Wiegen nicht die Sachkosten eines Unfalls einschließlich der Zahlungen für Entschädigungen die Personalkosten auf, die man im Nullmannbetrieb[29] spart, vom lädierten Ansehen der Bahn ganz zu schweigen? Ein Zugführer beispielsweise hätte den Triebwagenführer auf die zu frühe Abfahrt und das haltzeigende Ausfahrsignal aufmerksam gemacht. Was wäre geschehen, hätte der Triebwagenführer den Abfahrauftrag von der Aufsicht abwarten müssen, statt ihn sich selbst zu geben? Wahrscheinlich hätte er auf dieses Signal gewartet. Aber die Züge der Strecke Soltau – Buchholz fahren ohne Zugbegleitpersonal, und eine Aufsicht gibt es in Schneverdingen nicht. Die Aufsicht ist, so wollen es die Geschäftsbereiche der Deutschen Bahn, überflüssig. Deshalb bleibt die Verantwortung für den Zug allein beim Triebwagenführer. Daß es in Schneverdingen keine Aufsicht gab, ist mit gesundem Menschenverstand nicht zu erklären, denn eingespart wurde nichts; der Fahrdienstleiter ist ohnehin anwesend und könnte die Aufgaben der Aufsicht übernehmen, wie das früher auf kleinen Bahnhöfen ganz üblich war.

Völlig abwegig war die Anklage, die auf Vorsatz bei der Vorbeifahrt am haltzeigenden Signal lautete. Vorsätzlich einen Bahnbetriebsunfall herbeizuführen, derartige Anklagen waren bis 1960 in der DDR bekannt, als vieles, was nicht der Norm entsprach, zur Diversion oder Sabotage erklärt wurde. Daß Staatsanwalt und in einem Fall auch der Sachverständige dem Triebwagenführer weitere Fehler ankreideten, war zumindest unfair. Denn der eine Fehler oder Irrtum (das Signal in Fahrt frei gesehen zu haben) zog in logischer Konsequenz weitere Fehler nach sich.

War denn die Vereinigung der 1000-Hz- und 2000-Hz-Gleismagneten eine gute technische Lösung? Über die Funktion der beiden BÜ-Signale bestand unter den Lokomotivführern ohnehin Unklarheit. Sie bewerteten das zweite Signal als BÜ-Signalwiederholer. Dann aber hätten sie auch bei Signal Bü 1 vor dem Bahnübergang anhalten müssen.[30] Diese Vorschrift beachtete keiner. Das Signal ist sicherlich kein Wiederholer, vielmehr wurde das erste, stets in Stellung Bü 0 geschaltete Signal vor dem Ausfahrsignal N 1 für die durchfahrenden Züge aufgestellt, die Geschwindigkeiten bis zu 80 km/h erreichen. Das zweite BÜ-Signal steht im verkürzten Bremswegabstand. Daher die unübliche, kostensparende Signalanordnung, auf die der Sachverständige leider nicht einging.

Noch einmal zum Zugführer. Dessen betriebliche Funktion ersetzt der Geschäftsbereich Nahverkehr seit 1996 durch die sogenannte Kundenbetreuung, hält sie daher für unnötig.

Wer mit dem Zugführer als zweitem Aufpasser argumentiert, erfährt meist von Beispielen, wo ein Zugführer auch nicht half, etwa auf dem Bahnhof Cölbe (Strecke Gießen – Kassel).

Dort hielt am 20. Januar 1995 der Nahverkehrszug 8610, ein Wendezug, am

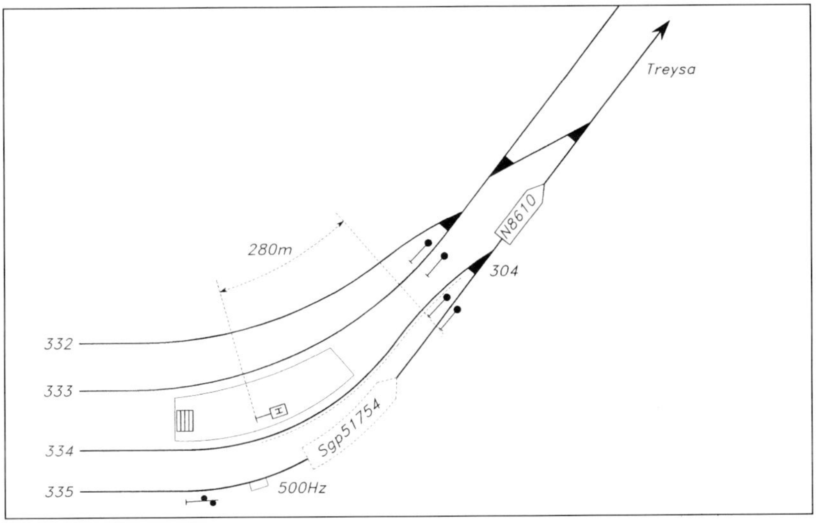

In Cölbe nahm das Zugpersonal des Nahverkehrzuges das für den Güterzug auf Fahrt stehende Signal als für sich geltend auf. Zeichnung: Pöhler

Bahnsteig im Gleis 334. Er sollte durch den Schnellgüterzug 51754 Heidelberg – Kassel über Gleis 335 überholt werden. Das Ausfahrsignal auf Gleis 334 zeigte Halt, das auf Gleis 335 Fahrt. Dieses Signalbild bezog der Zugführer auf seinen Zug. Er gab dem Lokomotivführer den Abfahrauftrag, und der fuhr ab, erhielt jedoch durch den Gleismagneten am Ausfahrsignal die Zwangsbremsung. Der Lokomotivführer des Güterzuges erkannte die Gefahr, bremste, konnte aber den Zusammenstoß nicht verhindern. Ein Reisender wurde schwer, 17 Reisende wurden leicht verletzt.

Abgesehen davon, daß dieser Unfall begründet, wie wichtig eine Aufsicht ist, die die örtlichen Verhältnisse genau kennt und sicherlich dem Personenzug nicht den Abfahrauftrag gegeben hätte, ist dieser Unfall kein Argument gegen den Zugführer. Hier hatten der Zugführer und der Lokomotivführer versagt. Wer aber zählte die Fälle, bei denen der Zugführer die unberechtigte Abfahrt verhinderte? Bekannt und statistisch erfaßt wird immer nur das fehlerhafte Verhalten.

Keine Hinweise auf Selbstmord

Keine Auskunft zu seinem unerklärlichen Verhalten konnte der Triebwagenführer geben, der den Zusammenstoß am 29. Sept. 1994 bei Bad Bramstedt verursachte, denn er war getötet worden. Getötet wurden auch sechs Reisende, 70 Reisende wurden verletzt, drei davon schwer. Ein Triebwagenführer der Eisenbahn-Gesellschaft Altona-Kaltenkirchen-Neumünster[31] (AKN) hatte den Bahnhof Bad Bramstedt verlassen, ohne die fahrplanmäßige Kreuzung abzuwarten, ohne dem Fahrdienstleiter in Ulzburg Süd die Zuglaufmeldung zu geben und ohne sich eine Genehmigung zur Weiterfahrt einzuholen. Dabei galt der Triebwagenführer als erfahren.

In Schleswig-Holstein ist man nach Eisenbahnunfällen immer schnell mit den Forderungen nach mehr Sicherheit im Bahnverkehr (siehe Wesselburen, 1. Abschnitt) bei der Hand, und sie kamen auch dieses Mal von der Ministerpräsidentin Heide Simonis. Schleswig-Holstein und Hamburg, denen die Bahn je zur Hälfte gehört, sollten mit der AKN Verhandlungen aufnehmen, um aus der Verbindung Bad Bramstedt - Neumünster eine zweigleisige Strecke zu machen. Wenn es je zu diesen Verhandlungen gekommen sein sollte: Ob jemand gefragt hat, was aus den anderen eingleisigen Strecken in Schleswig-Holstein werden soll? Letztere sind in der Überzahl. Und warum soll gerade das Stück Bad Bramstedt – Neumünster zweigleisig werden? Ging es nur um populären Nachdruck zum Trost der Betroffenen? Die AKN hatte bis zum Frühjahr 1995 in Bad Bramstedt Lichtsignale aufstellen lassen, auf der Strecke die induktive Zugbeeinflussung installiert, und Kreuzungen in Bad Bramstedt wurden vom Zentralstellwerk Ulzburg Süd gesteuert. Da sich »im Verlauf der Ermittlungen keine Hinweise für einen etwa geplanten Selbstmord ergeben [haben]«, so die Staatsanwaltschaft beim Landgericht Kiel, »desgleichen keine Hinweise auf Fehler der Fahrdienstleitung bei der Überwachung des Betriebes«, wurde das Ermittlungsverfahren eingestellt. Der Triebwagenführer blieb der Alleinschuldige.

Die Parallele finden wir beim Zusammenstoß der Züge 6655 und 6652 zwischen Kleinfurra und Sondershausen (Strecke Nordhausen – Erfurt) am 5. Juni 1996. Drei Menschen büßten ihr Leben ein, darunter die beiden Lokomotivführer, weil der Lokomotivführer des Zuges 6655 in Kleinfurra abfuhr, obwohl das Ausfahrsignal »Halt« zeigte. Auch die offenen Schranken waren ihm kein Anhalt, daß die Ausfahrt unzulässig war. Nur: Er konnte nicht mehr sagen, warum er abfuhr.

Ähnlich war der Ablauf am 16. Oktober 1995 zwischen Werdau (Sachs) und Teichwolframsdorf (Strecke Werdau - Mehltheuer), wo die Regionalbahn 8371 auf der eingleisigen Strecke in Höhe des Einfahrsignals von Teichwolframsdorf mit dem Interregio Chemnitz – Düsseldorf zusammenstieß. Eine Reisende der Regionalbahn wurde getötet, vier Reisende schwer (wovon eine starb) und zwölf leicht verletzt. Der Interregio war umgeleitet worden, weil die Strecke Gera Süd – Gößnitz für umfangreiche Gleisbauarbeiten für mehr als einen Monat gesperrt werden mußte. Möglicherweise hat der Lokomotivführer der Regionalbahn diese Besonderheit nicht zur Kenntnis genommen. Nach der Fahrdienstvorschrift muß er sie nicht kennen, denn maßgebend sind die Signale oder, wo diese fehlen, der Abfahrauftrag. Diesen hat in Teichwolframsdorf, wo es keine Ausfahrsignale gibt, der Fahrdienstleiter zu erteilen.

Nach der Ankunft des Zuges 8371 auf Gleis 1 meldete der Fahrdienstleiter den Zug nach Seelingstädt zurück und verband die Rückmeldung mit der Vorausmeldung des Zuges 2554. Danach stellte er die Fahrstraße nach und aus Gleis 2 ein und das Einfahrsignal auf Fahrt (Hl 10).[32] Nach einigen Minuten stellte er auf dem Stellpult fest, daß das Signal in die Haltstellung gefallen war. Er dachte, der Interregio wäre eingefahren, und ging nach draußen, um ihm mit dem Befehlsstab das Signal »Zp 9« zur Durchfahrt zu geben. Mit Schrecken sah er, daß die Regionalbahn abgefahren war und die Weiche 1 aufgefahren hatte. Zugschaffner P. hatte den Zug fertiggemeldet, und Lokomotivführer G. war abgefahren. Da der Zugschaffner wenige Tage nach dem Unfall seinen Verletzungen erlag, konnte nur der Lokomotivführer angeklagt werden. Das Urteil erging nach Manuskriptschluß zu diesem Buch. In Teichwolframsdorf wie auf dem Bahnhof Kleinfurra zwang keine induktive Zugbeeinflussung den Zug zum Anhalten.

Als gefährliche Unregelmäßigkeit (in der Luftfahrt nennt man so etwas Beinahe-Zusammenstoß) wurde der Vorfall am 10. Februar 1995 auf dem Bahnhof Berlin-Grunewald eingestuft, wo der Leerreisezug 33206 am haltzeigenden Ausfahrsignal Z vorbeigefahren war. Zu dieser Zeit standen das Blocksignal für Zug 540 von Berlin Zoologischer Garten nach Berlin-Wannsee und das Blocksignal für Zug 692 von Berlin-Wannsee nach Berlin Zoologischer Garten auf Fahrt, die eine Minute nach der unzulässigen Vorbeifahrt des Leerzuges passieren sollten. Die induktive Zugbeeinflussung brachte ihn zum Halten. Doch der Lokomotivführer bediente die Freitaste und fuhr weiter, ohne die Ursache der Zwangsbremsung zu ermitteln. Zwar war der Fahrdienstleiter auf Stellwerk »Gds« aufmerksam - er gab dem Zug 692, der das Blocksignal erreicht hatte, Kreissignale (Sh 1 – Halt) –, doch der Lokomotivführer auf dem ICE reagierte nicht. IC 540 wurde von der Indusi zwangsgebremst, hatte doch der Leerreisezug die Weiche 441 aufgefahren und dadurch das Signal R in die Haltstellung gebracht. Außerdem nahm der Lokomotivführer die Kreissignale vom Stellwerk »Gds« auf und brachte den Zug zum Halten. Ein Zufall verhinderte die Katastrophe: der Leerreisezug hatte bereits die Kreuzung 440 geräumt, auf der es sonst zum Zusammenstoß mit dem ICE 692 gekommen wäre. Warum der Lokomotivführer die Zwangs-

Der zeitliche Zufall bewahrte den IC in Berlin-Grunewald vor einem Unfall.
Zeichnung: Pöhler

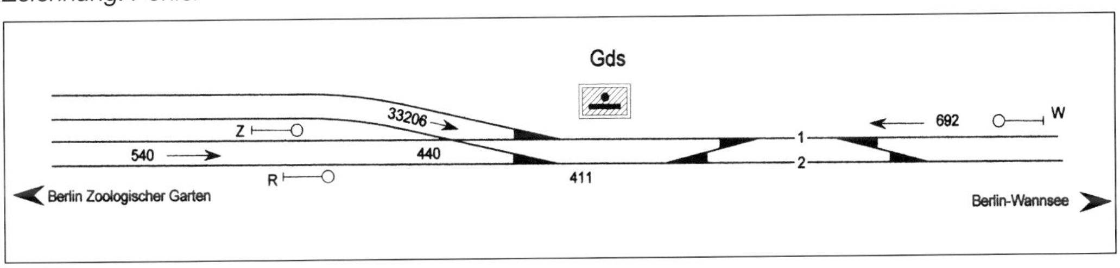

bremsung ignorierte, wurde nicht geklärt.

Ebenfalls eine gefährliche Unregelmäßigkeit war die Vorbeifahrt des Nahverkehrszuges 7929 am haltzeigenden Ausfahrsignal des Bahnhofs Weiskirchen (b Offenbach/Main) (Strecke Offenbach [Main] Hbf – Dieburg) am 28. März 1995, die beinahe zum Zusammenstoß mit dem Nahverkehrszug 7932 geführt hätte. Am 4. April 1995 blieb in Bonn Hbf die Flankenfahrt des Nahverkehrszuges 7846 Bonn – Witterschlick mit dem Leerreisezug 31945, einem IC-Night) ohne Personenschaden. Die Ursache war auch hier die Vorbeifahrt am haltzeigenden Ausfahrsignal nach dem Halt am Bahnsteig. Wiederholt das gleiche Muster, so auch am 3. Juni 1995 beim Zusammenstoß von Stadtexpreß 7826 mit Güterzug 47569 auf dem Bahnhof Hanau, wo ein Reisender verletzt wurde. Auch hier war ein Lokomotivführer am haltzeigenden Ausfahrsignal vorbeigefahren, nachdem er am Bahnsteig gehalten hatte. Oder am 21. Juli 1995 auf dem Bahnhof Zellkirch-Brombach (Strecke Eberbach – Hanau Hbf), wo der Triebwagenführer der Regionalbahn 6643 vom Zugführer den Abfahrauftrag erhalten hatte und das etwa 350 m entfernte Ausfahrsignal in der Stellung »Halt« mißachtete. Er stieß mit dem einfahrenden Regionalexpreß 3856 zusammen. Es gab 29 Verletzte unter den Reisenden.

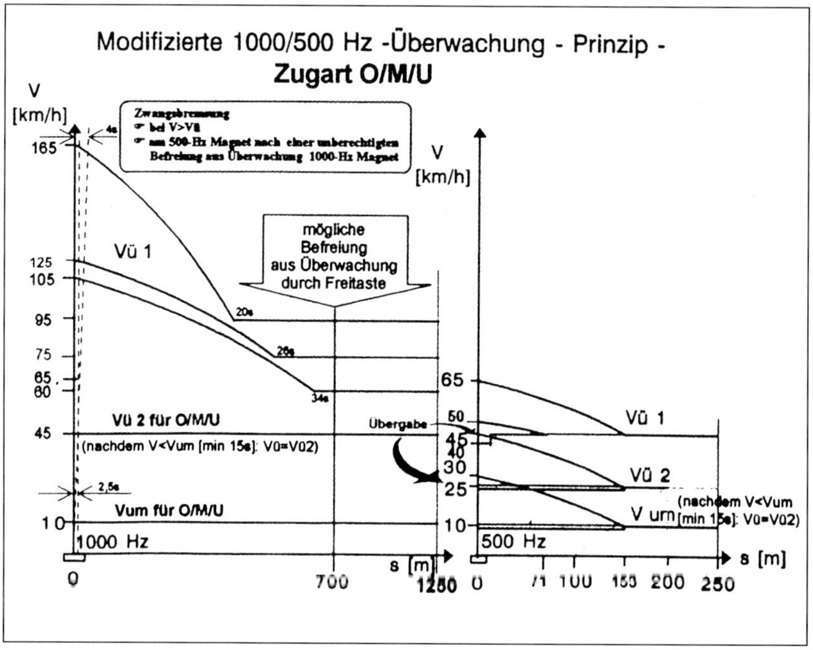

Die neue Zugsicherungseinrichtung PZB 90 kann kaum noch unterlaufen werden.

Fröhlicher Ausflug endet tragisch

Der Zusammenstoß in Garmisch-Partenkirchen am 12. Dezember 1995 erregte nur deshalb mehr Aufsehen als andere Ereignisse, weil durch ihn der »Gläserne Zug« schwer getroffen wurde. Ein fröhlicher Ausflug ins Karwendelgebirge sollte es für eine Münchner Reisegruppe werden, doch er endete tragisch am Einfahrsignal des genannten Bahnhofs. Dort bohrte sich ein aus dem Bahnhof ausfahrender Regionalexpreß in die filigrane Konstruktion aus Stahl und Glas, wodurch ein Reisender starb, 52 Reisende wurden, zum Teil lebensgefährlich, verletzt. Vermutlich hat auch hier der Lokomotivführer nach dem Halt am Bahnsteig das Ausfahrsignal übersehen. Genaues ist aus dem Prozeß, erst nach Manuskriptschluß zu diesem Buch, zu erfahren.

Am 24. April 1995 stießen die Lokfahrt 86797 und der Übergabezug 72245 an der Abzweigstelle Mainz-Kostheim (Strecke Frankfurt [Main] – Wiesbaden Hbf) zusammen. Kein Personenschaden. Der Lokomotivführer des Zuges 86797 hatte das haltzeigende Ausfahrsignal nicht beachtet. Am Prellbock des Bahnhofs Olching endete am 11. Mai 1995 die Fahrt des Durchgangsgüterzuges 53116, weil dessen Lokomotivführer das haltzeigende Ausfahrsignal nicht beachtet hatte.

Die Reihe der geschilderten Unfälle oder gefährlichen Ereignisse mit dem gleichen Ablauf – wieviele werden überhaupt bekannt? – geben keinen Anlaß zur Empörung, wenn das Eisenbahn-Bundesamt auf den Risikofaktor Lokomotivführer verweist und sich über die tieferen Ursachen Gedanken macht. Wo es an der induktiven Zugbeeinflussung fehlte, ist es gewiß eine Frage der Zeit, bis die Strecke stillgelegt oder nachgerüstet ist. Gegen die Fälle, wo die induktive Zugbeeinflussung auch nicht hilft, weil entweder der Lokomotivführer sich über sie hinwegsetzt oder weil der Bremsweg nicht ausreicht, um den Zusammenstoß zu verhindern, muß ein Kraut wachsen. Und das soll PZB 90 heißen.

Sie ist eine komplizierte Angelegenheit, soll sie doch in jedem Fall gegen das unerlaubte »Anfahren gegen haltzeigende Signale«, wie es bahnintern heißt, reagieren, ohne den Betriebsablauf gravierend zu behindern. Zudem soll sie in einem vertretbaren Verhältnis von Aufwand und Nutzen stehen und zum bestehenden System passen. Folgende Gesichtspunkte waren zu beachten:

- Wie weit ist es vom Halteplatz am Bahnsteig bis zum Ausfahrsignal?
- Welche Geschwindigkeit könnte der Zug bis zum Ausfahrsignal erreicht haben?
- Wieviele Meter aus dieser erreichbaren Geschwindigkeit braucht der zwangsgebremste Zug, bis er zum Halten kommt?
- Fährt der Lokomotivführer langsam, schnell oder normal an?

Demnach muß versucht werden, bereits zwischen Halteplatz und Ausfahrsignal bei niedriger Geschwindigkeit den Zug abzubremsen und ihn vor einer möglichen Gefahrenstelle anzuhalten. Mit Hilfe des Computers wird die optimale Lage des 500-Hz-Magneten ermittelt.[33] Er soll, so entschieden die Fachleute, für die PZB 90 der entscheidende Magnet sein.

Die PZB 90 mißt und registriert die niedrige, dem Stillstand nahe kommende Geschwindigkeit (mindestens 15 Sekunden unter der niedrigen Umschaltgeschwindigkeit). Ist die erreicht, beispielsweise weil der Zug angehalten hat oder sich an das Signal»schleicht«, schaltet die PZB 90 auf die restriktive Geschwindigkeitsüberwachungskurve.

Was bewirkt sie? Wenn eine Lokomotive oder ein Triebwagen den Magneten mit 1000-Hz-Beeinflussung am Vorsignal in Warnstellung befährt, hat der Führer innerhalb von vier Sekunden nach der Beeinflussung die Wachsamkeitstaste zu bedienen. Bei der bisher gebräuchlichen Indusi I60-R muß der Zug innerhalb von 20 Sekunden von 165 km/h Geschwindigkeit auf 95 km/h abgebremst sein (Vü 1 laut Bild auf Seite 88 – sonst setzt die Zwangsbremsung ein). Dann prüft die Indusi auf der Fahrt über 1250 m Weg, ob es bei dieser Geschwindigkeit bleibt. Hält der Zug innerhalb dieser Überwachung an, setzt die auf konstant 45 km/h abgesenkte restriktive Geschwindigkeitsüberwachungskurve ein (Vü 2). Wechselt das Hauptsignal in die Fahrtstellung, kann sich der Führer von einem Punkt 700 m nach der Beeinflussung (hier endet bisher die I60-R) aus der Geschwindigkeitsüberwachung befreien, wie das bei der PZ 80 der DR möglich war bzw. ist.

Irrte der Führer, und das Hauptsignal zeigt immer noch Halt, wirkt der 500-Hz-Magnet wie ein 2000-Hz-Magnet und löst unabhängig von der Geschwindigkeit die Zwangsbremsung aus.

Das Neue der PZB 90 ist, daß es innerhalb der Geschwindigkeitsüberwachung, wie sie beim 1000-Hz-Magneten üblich ist, eine zweite Beeinflussung gibt. Demnach gibt es drei Möglichkeiten:

- Befindet sich der Zug in der restriktiven Geschwindigkeitsüberwachung, bleibt sie auch nach der zweiten Beeinflussung auf einer Länge bis höchstens 1250 m, gerechnet von der ersten Beeinflussung an.
- Befindet sich der Zug in der nicht restriktiven Geschwindigkeitsüberwachung, wird sie auf einer neuen Länge von 1250 m, gerechnet von der zweiten Beeinflussung an, weitergeführt.
- Hat sich der Führer aus der Geschwindigkeitsüberwachung befreit, wird eine neue Geschwindigkeitsüberwachungskurve aufgebaut. Die ursprüngliche Überwachung läuft bis 1250 m Länge verdeckt weiter, so daß der 500-Hz-Magnet trotzdem mit der Zwangsbremsung reagiert, falls sich der Führer ungerechtfertigt aus der Überwachung befreite. Das ist schon deshalb notwendig, weil die eine Beeinflussung nicht mit der anderen zusammenhängen muß. Egal, aus welchem Grunde die Geschwindigkeitsüberwachung »Alarm schlägt«, sie muß sich zur sicheren Seite hin auswirken.

Der 500-Hz-Magnet löst, wenn er wirksam ist, eine 200 m lange, von 65 km/h auf 45 km/h sinkende Geschwindigkeitsüberwachungskurve aus (VÜ 1). Dazu kommt die restriktive Geschwindigkeitsüberwachungskurve (VÜ 2), wenn die Umschaltgeschwindigkeit auf eine Dauer von mindestens 15 Sekunden unterschritten ist. Sie liegt aber nicht bei 10 km/h wie bei der 1000-Hz-Beeinflussung, sondern fällt von 30 km/h auf 10 km/h. Die restriktive Überwachungskurve schließt bei 45 km/h an und sinkt auf 25 km/h.

Hält der Zug innerhalb von 100 m nach der Beeinflussung durch den 500-Hz-Magneten, ist die Geschwindigkeitsüberwachungskurve 250 m lang, um sie früher zu beenden, falls es zu einem Signalwechsel von Halt auf Fahrt kommt.

Aus der 500-Hz-Überwachung kann sich der Führer nicht lösen. Warum? Man kann ihm nahe eines haltzeigenden Signals technisch nicht helfen, wenn er sich unberechtigt aus dieser Überwachung befreit hätte. Sollte es während der 1 250 m langen restriktiven 1 000-Hz-Überwachung (VÜ 2) eine 500-Hz-Beeinflussung geben, ist die 500-Hz-Geschwindigkeitsüberwachungskurve immer restriktiv. Die Restriktion vom 1 000-Hz-Magneten wird an den 500-Hz-Magneten übergeben. Befreit sich während dieses Vorgangs der Führer aus der 1 000-Hz-Überwachung, wird der Zug zwangsgebremst.

Die PZB 90 besitzt auch ein Startprogramm für beginnende oder wendende Züge. Dieses ist immer so geschaltet, als hätte es eine Beeinflussung vom 1 000-Hz-Magneten mit restriktiver Überwachung gegeben und wäre der Zug 700 m gefahren. Der Lokführer kann sich von der Überwachung befreien, zum Beispiel wenn das Ausfahrsignal Fahrt zeigt. Verwechselt er das Signal, wird die 500-Hz-Überwachung wirksam, und zwar auf eine Länge von 550 m vom Startplatz als restriktive Geschwindigkeitsüberwachungskurve, falls sich der Lokführer nicht befreit hatte, oder durch Zwangsbremsung, wenn er sich ungerechtfertigt befreit hat.

Bei der PZB 90 gibt es – gleich der PZ 80 DR – verschiedene Leuchtmelder im Führerstand, so daß der Lokomotiv- oder Triebwagenführer erkennen kann, in welchem Moment der Überwachung sich das Fahrzeug befindet. Die neue Zugbeeinflussung wurde bei den S-Bahnen der Strecken Solingen-Ohligs – Düsseldorf Flughafen und Leuchtenbergring – Flughafen in München erprobt. Ehe sie auf allen Strecken wirksam ist, müssen die Gleise am und nahe dem Bahnsteig mit Magneten nachgerüstet und möglicherweise Haltetafeln versetzt werden. Auch die Fahrzeugeräte müssen verändert werden. Bei der Indusi I60 ist ein elektronisches Registriergerät mit den neuen Geschwindigkeitsüberwachungsfunktionen und in die PZ 80 ein Rechnerkern einzubauen, bei der I60-R die Software zu ändern.

Wie schnell das geht, hängt vom Geld ab, das für die Investition bereitsteht und vom Willen der Bahn-Entscheidungsträger, den Unfalltyp Rüsselsheim auszumerzen. Die anfangs erwähnte Reaktion auf die Bemerkungen des Eisenbahn-Bundesamtes lassen nicht auf rasche Verbreitung der PZB 90 schließen. Diese ist in der Pressemitteilung nicht einmal erwähnt worden.

---

[24] *Da die besagten Unfälle auch von Lokomotivführern der vormaligen Deutschen Reichsbahn verursacht wurden, muß man dpa ergänzen: Gewiß auch nicht zu Reichsbahn-Zeiten.*

[25] *Ausführlich behandelt in Erich Preuß »Tragischer Irrtum«, transpress Verlagsgesellschaft Berlin 1993, Seite 15.*

[26] *bis 4. August 1980 nur Probebetrieb.*

[27] *KiN = Kundenbetreuer im Nahverkehr.*

[28] *dpa berichtete am 16. Juni 1995 von 102 Verletzten, angeklagt war Sch. wegen 54 Verletzter.*

[29] *Die Begriffe Einmann- und Nullmannbetrieb beziehen sich auf den Zugbegleiter, also Besetzung mit Zugführer oder ganz ohne Zugbegleitpersonal.*

[30] *Siehe Paragraph 60 Absatz 19 a 3.) der DB-Fahrdienstvorschrift in der Fassung vom 1. August 1996, aber auch in der vom 1. Dezember 1993, wonach die Sicherung des Bahnübergangs durch Zugpersonal notwendig ist, wenn ein Überwachungssignal oder ein Überwachungssignalwiederholer das Signal Bü 0 zeigt.*

[31] *seit September 1994 AKN Eisenbahn AG.*

[32] *Halt erwarten.*

[33] *Der 500-Hz-Magnet überwacht, ob der Lokomotivführer durch verminderte Geschwindigkeit auf die Warnstellung des Vorsignals reagierte. Allerdings ließen die Einbauvorschriften zu, daß oft auf dessen Installation verzichtet werden konnte.*

Die Macht des Gutachters

Wer ist schuldig?

Otto M. aus Eisenach kann sich bis heute (im Jahre 1996) nicht damit abfinden, wie der Unfall auf dem Bahnhof Wutha vom 1. November 1980 vor Gericht ausgegangen ist. Daß die Strafe den Falschen traf, ist seines Erachtens einzig dem Sachverständigen vom Reichsbahnamt Erfurt zuzuschreiben. Was war geschehen?

Das Unfallmeldeblatt des – damals noch selbständigen – Bahnhofs Wutha (Strecke Erfurt – Eisenach) meldet zum Hergang lakonisch: »Hilfsz Ei 1 hatte Durchfahrt durch Gleis 2. Er wurde 16.14 Uhr ordnungsgemäß an Bf Eisenach vorausgemeldet. Von Eisenach wurde D 907 um 16.07 Uhr vorausgemeldet mit vsl. Abfahrt 16.10 Uhr. Fdl Wutha stellte daraufhin die Durchfahrt für D 907 durch Gl. 1 her, Einfahrsignal I und Ausfahrsignal C wurden auf Fahrt gestellt. D 907 fuhr von Eisenach, Stellwerk Ef, auf falschem Gleis. Der Zug fuhr an dem auf Fahrt stehenden Einfahrsignal I auf falschem Gleis vorbei und geriet somit in den Fahrweg des durchfahrenden Hilfszugs Ei 1 in Gleis 2. In km 160,3 in Höhe Posten II kam es zum Zusammenstoß beider Züge.

Beide Triebfahrzeuge verkeilten sich ineinander. Vom D 907 entgleiste der erste Wagen und schob sich in das Triebfahrzeug. Vom Hilfszug entgleisten die ersten beiden Wagen mit je einer Achse.« Die Textfelder zur Ursache und Schuldfrage blieben unausgefüllt, denn die Ursache für diesen Zusammenstoß war im Abgangsbahnhof des Schnellzuges, auf dem Bahnhof Eisenach, zu suchen.

Dort sollte der D 907 um 16.10 Uhr aus Gleis 9 Ost ausfahren. Dazu mußten im Stellwerksbezirk »Ef«[34] die Weiche 1 (und die Weiche 4 als Flankenschutzweiche) in der Plusstellung stehen. Vorausgegangen war jedoch die Einfahrt der Lzz 7068, die diese Weichen in der Minusstellung befahren hatte. In dieser Stellung war die Weiche 1 auch verriegelt worden. Folglich mußte der Stellwerkswärter H. ehe er diesen Weichenhebel in die Plusstellung bringen konnte, die Weiche entriegeln. Den Riegelhebel

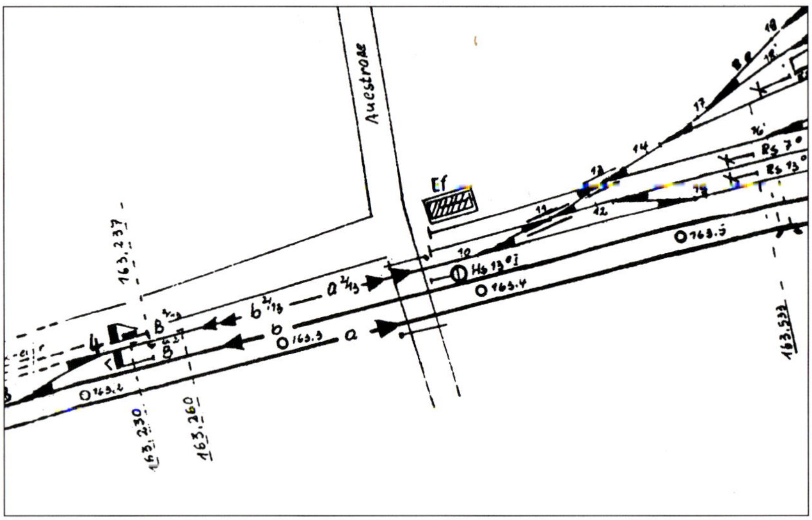

Stellwerksbezirk »Ef« in Eisenach: Der Wärter hatte übersehen, daß sich die Weiche 2 noch in der Minusstellung befand.

zurückzulegen, war nicht möglich. Er meldete dem Fahrdienstleiter E. die Störung.

Der Fahrdienstleiter, der um die pünktliche Abfahrt des Schnellzuges besorgt war, ordnete daraufhin die behelfsmäßige Sicherung des Fahrwegs an. Der Stellwerkswärter meldete auch, der Fahrweg aus Gleis 9 nach Wutha sei gesichert, weil er der Meinung war, es genüge, wenn die Weichen 3 und 4 in der Plusstellung stünden. Nach der Fahrwegsicherungsmeldung bediente der Fahrdienstleiter die Auftragstaste für das Ersatzsignal, so daß H. das Ersatzsignal am Ausfahrsignal bedienen konnte. D 907 fuhr über die Weichen 3 (Plusstellung) und die Weichen 2 und 1 (Minusstellung) in das falsche Gleis in Richtung Wutha. Der Lokomotivführer bemerkte das auch, störte sich jedoch nicht daran, daß es hierzu eigentlich eines besonderen Auftrages bedurfte, zum Beispiel des Befehls B. Das auf Fahrt stehende Einfahrsignal des Bahnhofs Wutha, das zwar nicht rechts oder über seinem Streckengleis, sondern ein Gleis weiter rechts stand, bestärkte ihn, sein Verhalten sei richtig. Nach weiteren 50 m erkannte er, daß das Ausfahrsignal »Fahrt frei« zeigte für jenes Gleis, auf dem er fuhr. Er sah auch, daß der Fahrdienstleiter dem entgegenkommenden Hilfszug Kreissignale («Halt«) gab, leitete die Schnellbremsung ein und sprang von der Lokomotive ab.

Lokführer an Unterkühlung gestorben?

Der Zusammenstoß forderte zwei Tote und zehn Leichtverletzte. Einer der Getöteten war der Lokomotivführer des Hilfszuges, den man erst nach Stunden befreien konnte. Die Rettungsschere (von diesem Import gab es bei der Deutschen Reichsbahn nur zwei Stück), mit der man den Lokomotivkasten aufschneiden konnte, kam nicht schnell genug an die Unfallstelle. Deshalb hielt sich das Gerücht, der Lokomotivführer sei an Unterkühlung gestorben, was von der Reichsbahndirektion Erfurt bestritten wurde. Der anfangs erwähnte M. meinte noch 1995, die Vertreter der Reichsbahndirektion hätten vor Gericht zum Einsatz der Rettungsschere gelogen.

Auch der Leiter der Spezialkommission der Transportpolizei, Abteilung Kriminalpolizei, verspätete sich auf dem Weg zur Unfallstelle, weil er durch einen Autounfall auf der - seinerzeit ziemlich leeren – Autobahn aufgehalten wurde. Er zog in solchen Fällen, wie dem Unfall von Wutha, gern einen bestimmten Sachverständigen zu Rate, der dann meist auch das Gutachten schrieb. Das Gutachten war ein wichtiges Element für das Untersuchungsorgan (die Kriminalpolizei) und den Ankläger (den Staatsanwalt) und konnte vom Gericht als Beweismittel verwendet werden.

Weil Sachverständige und ihre Gutachten immer häufiger im Zentrum des Prozesses stehen, zunächst zu diesem Thema ein Exkurs mit Anmerkungen zur Praxis in West und (ehemals) Ost.

Die strafprozeßualen Vorschriften der BRD und der DDR unterschieden sich nicht einmal sehr. Im Strafrecht der DDR hatte der Sachverständige die Aufgabe, die Organe der Strafrechtspflege auf der Grundlage des erteilten Auftrages bei der Erforschung der Wahrheit über die Strafsache dadurch zu unterstützen, daß er ihnen aus seinem spezifischen Wissensgebiet Erfahrungssätze vermittelt oder mit Hilfe seiner besonderen Sachkunde Tatsachenmaterial untersuchte, analysierte und Schlußfolgerungen für die tatsächliche Beurteilung von Tat und Täter und damit der strafrechtlichen Verantwortlichkeit ableitete. Juristische Probleme strafrechtlicher Natur hatte der Sachverständige nicht zu beurteilen, also sich auch der Beurteilung von Schuld und Nichtschuld zu enthalten. Trotzdem war und ist der Einfluß des Sachverständigen auf die Bewertung der Schuld sehr groß.

Das DDR-Strafrecht kannte den Sachverständigen als Berufsbezeichnung nicht, sondern prägte den Begriff des sachkundigen Bürgers. Der »bestätigte« Sachverstän-

Eine Lokomotive ist in der Anschlußbahn des VEB Zementwerke Karsdorf entgleist (18. Juli 1960). Viele stehen herum, aber wer ermittelt die Ursache?
Sammlung Bornschein

dige war im Gesetz nicht vorgesehen, schließlich konnte jeder entsprechend seinen speziellen wissenschaftlichen oder fachlichen Kenntnissen und Erfahrungen Sachverständiger sein, wenn er die Fähigkeit besaß, Gutachten zu erstatten.[35] Auch – um ein Beispiel fern der Eisenbahnunfälle zu wählen – ein Amateurfunker. Maßgebend für die Stellung des Sachverständigen war der Auftrag durch den Leiter, wenn ein Sachverständiger oder/und ein Gutachten angefordert worden waren. Da zur Aufklärung von Eisenbahnunfällen meist besondere Sachkenntnis notwendig war, bestellten die Kriminalpolizei der Transportpolizei und die Gerichte häufig bei den Reichsbahndirektionen Sachverständige, und so wurde der Bequemlichkeit halber eine Liste sogenannter bestellter Sachverständiger zusammengestellt. Einige von ihnen traten dann auch wie ein Star im Gerichtssaal auf, mit den Jahren wuchs der Grad ihrer – vermeintlichen – Unfehlbarkeit. Das ist die Schattenseite der ständigen oder bestellten Sachverständigen, daß ihre Tätigkeit, die Gutachtenerstattung, zur Routine verkommt und sie immer weniger von Selbstzweifeln über die Wahrheit geplagt werden.

Immer wieder gab es Zweifel, ob die Gutachten wirklich unvoreingenommen erstattet wurden. Denn der Sachverständige war Mitarbeiter eines Unternehmens, das durch den Unfall geschädigt worden war, das um sein Ansehen besorgt sein mußte und das im Zivilverfahren auf Schadenersatz klagte. Kritische Aussagen zum Verschulden oder zu Organisationsmängeln wollten gut bedacht sein, wenn der Sachverständige nicht seiner »Bestätigung« verlustig gehen wollte.

Die BRD kannte (und kennt) den öffentlich bestellten und vereidigten Sachverständigen. Diese werden für die verschiedenen Sachgebiete von den Industrie- und Handelskammern nach den jeweiligen Sachverständigenverordnungen bestellt. Darüber hinaus gibt es noch Personen nach Paragraph 36 der Gewerbeordnung als Gutachter und den amtlich anerkannten Sachverständigen für den Kraftfahrzeugverkehr nach dem Kraftfahrsachverständigengesetz. Seit Einrichtung des Eisenbahn-Bundesamtes am 1. Januar 1994 gilt dort eine Sachverständigenordnung, und nach ihr werden Sachverständige oder Sachverständigenorganisationen anerkannt, aber nicht öffentlich bestellt. Außer diesem Personenkreis kann jeder Sachverständiger sein, »der von Dingen eines bestimmten Fachgebiets auf Grund seiner Ausbildung oder praktischen Erfahrung etwas versteht.«[36] Und auch in der BRD hatte (und hat) der Sachverständige die Aufgaben, dem Gericht die Kenntnis von Erfahrungssätzen auf seinem Wissensgebiet zu übermitteln, aufgrund seiner Sachkunde Tatsachen festzustellen und bestimmte Tatsachen aufgrund der Erfahrungssätze seines Wissensgebietes zu beurteilen. In der Praxis greifen Staatsanwalt bzw. Gericht auf die Sachverständigen des Eisenbahn-Bundesamtes zurück, in dem »ein Querschnitt des gesamten derzeitigen Sachverstandes des Eisenbahnwesens vereinigt« ist.[37] Zwar äußern deren Sachverständige auf den Vorwurf oder den Hinweis, sie kämen doch von der Deutschen Bahn und könnten befangen sein, stets ihre Entrüstung, weil sie nicht von ihr, sondern von der Aufsichtsbehörde der Bahn bestellt sind, doch sind auch sie mitunter nicht frei von Routine und Selbsteingenommenheit. Leider ist der Spielraum für die Rechtspflegeorgane eingeschränkt, denn: »Sind für gewisse Arten von Gutachten Sachverständige öffentlich bestellt, so sollen andere Personen nur dann gewählt werden, wenn besondere Umstände es fordern.«[38] Die öffentliche Bestellung des Sachverständigen muß kein Makel sein, gibt es unter ihnen doch eine Anzahl, die die Vorschriften ihres Fachgebiets hervorragend kennen (und nur, wie im Falle Berlin-Wannsee vor dem Landgericht Berlin, scheitern, wenn der Richter glaubt, ein Sachverständiger zum Beispiel für Sicherungstechnik beherrsche die gesamte Materie der Eisenbahn, unter anderem die der Bremstechnik), den Sachverhalt gründlich aufklären und es verstehen, ihn mit didaktischem Geschick und rhetorischem Schwung darzulegen.

Häufig greift der Staatsanwalt bereits an der Unfallstelle auf einen Sachverständigen zurück. Dann ist es vom Zufall abhängig, ob das gerichtsverwertbare Gutachten die Ansprüche auch an eine bestimmte Wissenschaftlichkeit erfüllt. Ruft der Staatsanwalt nach einem Eisenbahnunfall einen Kraftfahrzeug-Sachverständigen, weil er ihn von Verkehrsunfällen kennt, kommt es wegen dessen fehlender Sachkunde im Gerichtssaal zu peinlichen Aussagen (Bischdorf, Amtsgericht Lübben).

Gerichtsverfahren in der DDR wurden zügiger abgewickelt

Wer Gelegenheit hatte, an Kreis- und Bezirksgerichten (DDR) sowie an Amts- und Landgerichten (BRD) Zuhörer unzähliger Hauptverhandlungen zu sein, bei denen es um Eisenbahnunfälle ging (und nur um die geht es hier), stieß auf viele Unterschiede und auf ebensoviele Gemeinsamkeiten der Justiz in Ost und West.[39]

Im allgemeinen wurden die Verfahren in der DDR zügiger abgewickelt. In der Regel betrug der Zeitraum zwischen Unfall und Urteil ein halbes Jahr. Heute kann man mit einem und noch mehr Jahren rechnen, was die Beschuldigten keineswegs als angenehm empfinden. Für die Verzögerung wird die überlastete Justiz angeführt, die deshalb Haftsachen Vorrang gibt. Bei sämtlichen Eisenbahnunfällen handelt es sich um Fahrlässigkeitsstraftaten ohne Untersuchungshaft. Ist die Justiz nicht auch deshalb überlastet, weil sie mit großem bürokratischen Aufwand Bagatellsachen verhandelt? Auf solch einen Fall beim Amtsgericht Plön gehe ich am Schluß dieser Aufzählung ein. In der DDR war das dreistufige Gerichtssystem (Kreis-, Bezirks- und Oberstes Gericht) nicht nur übersichtlicher, auch die vorgeschalteten Gesellschaftlichen Gerichte (Schieds- und Konfliktkommissionen) trugen zur Entlastung der ordentlichen Gerichte bei. Eine weitere Vereinfachung war, daß zivilrechtliche Ansprüche (Schadenersatz) gleich im Strafverfahren durchgesetzt werden konnten. Wo nicht über die Höhe des Schadenersatzes entschieden werden konnte, erging das Urteil »dem Grunde nach«.

• Auf Prozeßökonomie wurde in der DDR viel Wert gelegt. In der BRD ebenfalls, wenn auch in eine andere Richtung. Einerseits erscheinen erstaunlich unvorbereitete Richter zur Hauptverhandlung, akzeptieren schlampige Ermittlungsakten, andererseits bestimmen mitunter die Terminkalender der Anwälte bzw. des Staatsanwalts, ob eine Verhandlung vertagt oder mit den Möglichkeiten der Strafprozeßordnung abgebrochen wird.

Zum Prozeß wegen des Unfalls in Eichwalde (siehe 2. Abschnitt) waren zwar zwei Sachverständige einer Kfz-Gutachterorganisation erschienen, die zum Verhalten des angeklagten Kraftfahrers Stellung nehmen sollten, nicht jedoch die beiden Professoren der Technischen Universität Dresden, die das Gericht als Gutachter zu Halbschrankenanlagen bestellt hatte (derartige Fachleute sind auch im nahen Berlin zu finden). Als während der Zeugenvernehmung der Vorsitzenden Richterin und dem Staatsanwalt der Sachverhalt zu heikel wurde (Löste der Kraftfahrer, der den Schrankenbaum hochdrückte, für den nahenden Zug ein Haltsignal aus [Nein! – E. P.]? Senken sich die Halbschranken ohne daß vorher die Warnlampen blinken [Nein! – E. P.]?), stellten die Richter das Verfahren unter Hinweis auf die Bagatellvorschrift der Strafprozeßordnung ein. Es sei ja erwiesen, daß der Angeklagte den Bahnübergang befuhr, bevor sich die Halbschranken senkten. Daß er ein Hindernis bereitet hatte, daß er nach der Straßenverkehrsordnung den Bahnübergang hatte zügig befahren müssen und nicht aussteigen und den Schrankenbaum hochdrücken dürfen, schien keiner Erörterung wert. Auch nicht, ob der Bahnübergang für die technische Sicherung durch Halbschranken geeignet ist. Der Beobachter gewann den Eindruck, Richter und Staatsanwalt waren nicht interessiert, sich in die Sicherungstechnik der Eisenbahn einzuarbeiten. Was sich auf Bahnübergängen ereignet, bleibt eine Bagatelle im Straßenverkehr ...

Viele DDR-Richter gaben sich sachkundig

Viele Richter an DDR-Gerichten gaben sich sehr sachkundig. Das lag nicht allein an der Qualifikation (viele hatten ein Berufsleben außerhalb der Justiz hinter sich), sondern daß sie sich ein anschauliches Bild vom fraglichen Geschehen verschafften. Den Unfallort, den Lokomotiv-Führerstand, das Stellwerk vor Eröffnung der Hauptverhandlung zu besichtigen, war selbstverständlich. Sie waren dadurch in der Lage, die Aussagen von Angeklagten und Zeugen besser zu verstehen. Beispielsweise hätten sich nach dem Unfall bei Berlin-Wannsee Staatsanwalt und die Richter am Landgericht Berlin viele Fragen ersparen können, wenn sie die Situation nicht nur von Fotos abgelesen hätten.

Obwohl der Tatort des Eisenbahnunfalls in Eichwalde nur zwei S-Bahn-Stationen vom Amtsgericht Königs Wusterhausen entfernt liegt, war es der Verteidiger, der dem Staatsanwalt und den Richtern Fotos vom Unfallort vorlegte («Was nicht meine Aufgabe ist«, so Anwalt Plöger). Allerdings fielen auch in den alten Bundesländern Richter auf (Amtsgericht Hagen, Soltau), die sich bei der Vernehmung von Angeklagten und Zeugen als eisenbahnkundig »verrieten«. Man muß sich für die Umstände bloß interessieren.

In der DDR fanden öfter Verhandlungen vor erweiterter Öffentlichkeit statt, beispielsweise im Kulturraum eines Bahnhofs. Dadurch erfuhren viele Eisenbahner vom Hergang eines Unfalls und davon, wie der

Da es auf dem Bahnhof Preetz an der Bahnsteigunterführung fehlt, überschreiten die Reisenden vor dem Zug am Hausbahnsteig den Bohlenüberweg.

Der Fahrdienstleiter spannt eine Kette, um zu verhindern, daß jemand den Bohlenüberweg begeht.

Staat reagierte. In westlichen Gerichtssälen sitzen, wenn überhaupt, nur die engsten Kollegen des oder der Beschuldigten, selten ein Leiter. Es scheint, als bestünde wenig Interesse an der juristischen Aufarbeitung eines Unfalls, als ginge man nach ihm »zur Tagesordnung über«.

Die von DDR-Gerichten verhängten Strafen waren meist drakonisch, und zwar immer dann, wenn ein Exempel statuiert werden sollte. BRD-Gerichte verhängen gern Geldbußen (und bedienen das Vorurteil, daß es in der BRD immer nur ums Geld geht), doch die Geldbußen treffen den Verurteilten nicht weniger empfindlich. 5000 Mark Geldstrafe bei einem Bruttogehalt von 2000 Mark, ohne daß der Verurteilte auf weiteres Vermögen zurückgreifen kann, sind ebenso hart wie eine Freiheitsstrafe auf Bewährung.

An BRD-Gerichten finden wir mitunter extrem lockere Verhandlungsführung und ebenso extremen Formalismus. Während man glaubt, auf den Muff der Jahrzehnte nicht verzichten zu können, indem man nur in Roben verhandelt, geben sich Staatsanwälte und Richter mitunter leutselig und geschwätzig. Weder das eine (die Robe) noch das andere (Humor in der Art »Die Sache ist arschklar« [Amtsgericht Schwerin]) dienen der Autorität der Rechtspflege. Ebensowenig der Richter, der mit einer Ordnungsstrafe drohte, weil ein Zuschauer in der ersten Reihe die Beine übereinander geschlagen hatte.

»Eine Buße muß sein!«

Wofür Polizei, Staatsanwaltschaft und Gerichte trotz der behaupteten Überlastung Zeit finden, zeigt die Bagatelle, die am 21. Juni 1994 auf dem Bahnhof Preetz (Strecke Lübeck – Kiel) ihren Ausgang nahm. Kaum vernehmbar sagte J. dem Richter am Amtsgericht Plön, warum er gegen den Strafbefehl der Staatsanwaltschaft Einspruch eingelegt hatte. Er wollte mit einer Gruppe den Zug nach Kiel erreichen. Die Gruppe rannte über den Bohlenweg zum Bahnsteig. J. kam nicht hinterher, weil eine Knieoperation ihn zum ruhigeren Schritt zwang.

»Plötzlich baute sich vor mir ein Bahnbeamter auf und zog eine Kette über den Weg. Der hat doch gesehen, daß ich den Zug noch erreichen wollte.« J. sprang über die Kette und stieg in den Zug. Der als Zeuge geladene Beamte (der Fahrdienstleiter von Preetz) bestätigte den Vorgang. »Als ich die Kette zog, fuhr der Triebwagen im ersten Gleis an. Der junge Mann durfte gar nicht mehr über das Gleis rennen. Der Triebwagenführer mußte zwangsbremsen. Ich wollte den Mann zur Rede stellen, aber der lief weiter und verschwand im Zug. Daß er nicht reagierte, hat mich geärgert. Ich habe den Grenzschutz in Kiel gebeten, mir die Personalien zu übermitteln. Der hat sie mir durchgegeben, und ich habe das Formular über die Ordnungswidrigkeit ausgefüllt.«

J.'s Anwalt schwenkte einen Aktendeckel: »Daraus ist nun ein Strafverfahren geworden!« Wie das zustande kam, konnte sich keiner im Plöner Amtsgerichtssaal erklären; allenfalls die Polizisten aus Kiel, die vermutlich ihren »großen« Fall witterten und formal die Justizmaschine in Gang setzten. Auch die Kettenabsperrung schien suspekt. Der Angeklagte und der Zeuge – »Ich bin nur Fahrdienstleiter, nicht die Aufsicht!« – mußten dem Richter skizzieren, wie in Preetz der zweite Bahnsteig abgesperrt wird. Der Richter war erstaunt: »Die Kette sperrt doch nur den zweiten Bahnsteig ab, aber nicht den Zugang vom ersten zum zweiten Gleis! Merkwürdig.« Der Frau Staatsanwalt und dem Verteidiger entfuhren noch das Eingeständnis: »Die Eisenbahn ist uns fremd.« Und der Zeuge rief: »Zu dieser Kettenabsperrung möchte ich mich nicht äußern. Ich habe keine Aussagegenehmigung dazu.«

Auch der vernommene Triebwagenführer wußte nicht, wie J. andere gefährdet haben soll. »Alle Reisenden saßen, niemand hatte sich über mein plötzliches Bremsen beschwert.« Der Verteidiger begehrte Freispruch, der Angeklagte sollte nicht die Kosten des Verfahrens tragen. »Allenfalls 20 Mark Ordnungsstrafe kommen hier raus.« Doch der Richter fürchtete die Berufung der Staatsanwaltschaft. Die Vertreterin dieser Behörde – »Herr des Verfahrens« – guckte schon eine Weile ratlos, fragte dann den Eisenbahner-Zeugen: »Das Bußgeld wird doch von der Bahn erhoben?« »Nee, seit 1. Januar 1994 sind wir privat. Wer das jetzt macht, kann ich nicht sagen.« Gedankenaustausch wie im Kaffeehaus, auch dem dicken Schönfelder war nicht zu entnehmen, wer bei der Bahn die Geldbußen verfügt. Keck rief der Eisenbahner zur Staatsanwältin: »Sie sollten mal im Eisenbahnneuordnungsgesetz lesen!«

Auf die Idee, die Anklage zurückzunehmen, kam sie nicht. Das ginge aus Rechtsgründen nicht. 80 Mark, wie im Strafbefehl gefordert, waren für den Arbeitslosen viel Geld, der doch nur den Zug nach Kiel erreichen wollte. »Eine Buße muß sein«, die Staatsanwältin blieb hart. Das Gericht konnte das Verfahren nicht einstellen, weil es am Antrag der Frau Staatsanwalt fehlte. Es vertagte sich; es hat wirklich viel zu tun...

H. beherrschte sein Fach nicht.

Von diesem Ausschnitt alltäglicher Rechtspflege zum Unfall auf dem Bahnhof Wutha. Für den Sachverständigen war zunächst die Pflichtverletzung des Stellwerkswärters H. offensichtlich. Er hatte sich mit einer Störung abgefunden, ohne nachzudenken, ob es einen weiteren Grund geben könnte, warum sich der Fahrstraßenhebel nicht umlegen ließ. Der Riegelhebel II war ausgeschert, das heißt, die Seilscheibe hatte sich gegenüber dem Hebelschaft verdreht. Zu diesem Zustand kommt es, wenn in der Stelleitung von der Außenanlage her eine Kraft wirkt, die größer als die Festhaltekraft der Ausschervorrichtung des Hebels ist, wenn beispielsweise der Hebel trotz Schwergang der betreffenden Außenanlage mit Gewalt umgelegt wird. Das wiederum war nötig, weil es an der Pflege der Drahtzugleitung gefehlt hatte. H. hatte den Hebel bei der Vorbereitung der Lzz 7068 gewaltsam umgelegt und mußte das Malheur am Störungszeichen erkennen. Er hätte den Hebel mit Hilfe des Einrückhebels wieder einscheren können (und müssen). H. unterließ außerdem nach der behelfsmäßigen Sicherung des Fahrwegs, sofern man das so bezeichnen kann, die Fahrwegprüfung, sonst hätte er die falsche Stellung der Weichen erkennen müssen. Ebensowenig brachte er den Fahrstraßenhebel in die Stellung als Hilfsfahrstraßenhebel. Ohne all diese Vorbedingungen meldete er, der Fahrweg sei gesichert.

H. beherrschte sein Fach nicht. Er war seit 1976 Facharbeiter des Betriebs- und Verkehrsdienstes, allerdings ohne vollständige Ausbildung im Betriebsdienst. Derartige Teilausbildungen waren bei der Deutschen Reichsbahn üblich geworden, seitdem sie zunehmend vom Arbeitskräftemangel geplagt wurde. Da vorrangig die Stellwerke besetzt werden mußten, wurde H., sonst im Wagendienst tätig, nach örtlicher Einweisung und Prüfung als Aushilfskraft schichtweise zum Stellwerk »Ef« versetzt, bis zum Unfalltag 1980 knapp vierzigmal. Merkwürdigerweise spielte dieser Mangel im weiteren Verfahren kaum noch eine Rolle.[40]

Statt dessen ging der Sachverständige lediglich auf das gleichzeitige Fehlverhalten des Lokomotivführers ein. Erst Tage nach dem Unfall fiel ihm ein, daß auch der Fahrdienstleiter am Unfall beteiligt sein könnte, und zwar wegen dessen angeblich genereller Aufsichtspflicht. An dieser Feststellung schieden sich die Geister – bis heute.

Der Sachverständige argumentierte: Wenn für D 907 das Ausfahrsignal nicht auf Fahrt gestellt werden konnte, hatte der Wärter H. die Störung zu beheben. Folglich mußte er den Riegel abbinden (an der Weiche vom Antrieb des Drahtseils trennen). Das konnte er in der kurzen Zeit zwischen der Mitteilung über die Störung und der Fahrwegsicherungsmeldung nicht erledigt haben. Folglich war die Meldung über die Sicherung des Fahrwegs falsch und durch den Fahrdienstleiter nicht zu akzeptieren. Er durfte die Bedienung des Ersatzsignals nicht freigeben. Durch diese, allerdings von keiner Vorschrift gestützten Feststellung, wurde Fahrdienstleiters E. verurteilt. Das Kreisgericht Eisenach sprach für den Lokomotivführer T. eine Freiheitsstrafe von zwei Jahren, für Stellwerkswärter H. eine von einem Jahr und sechs Monaten aus; Fahrdienstleiter E. wurde auf Bewährung bei Androhung einer Freiheitsstrafe von einem Jahr verurteilt. Dagegen legte E. Berufung ein, die das Bezirksgericht Erfurt unter Hinweis auf das Gutachten verwarf. E. schaffte nie wieder den »Sprung« zum Fahrdienstleiter und hatte auch nach dem Urteil große menschliche Probleme zu bewältigen. Er konnte sich die Frage, wieso er sich nicht auf die Zugfahrtensicherungsmeldung des Wärters verlassen durfte und wieso er die Verantwortung mit dem Stellwerkswärter teilen mußte, nicht beantworten.

»Unwahrscheinliche Umstellung, die ich mir aber gewünscht hatte«

Das Amtsgericht Schwerin ließ sich am 21. Juni 1994, als es den Unfall auf dem Bahnhof Holthusen (Strecke Ludwigslust/Hagenow Land – Schwerin [Meckl] Hbf) vom 31. Dezember 1992 verhandelte, ebenfalls vom Sachverständigen beeinflussen. Aber es sprach – auf Antrag des Staatsanwaltes – einen der beiden Angeklagten frei. Verurteilt wurde Fahrdienstleiter K., schuldig am Zusammenstoß des D 2731 Rostock – Leipzig mit einer Rangierlokomotive zu sein, wobei der Lokomotivführer des Schnellzuges getötet und elf Reisende verletzt wurden.

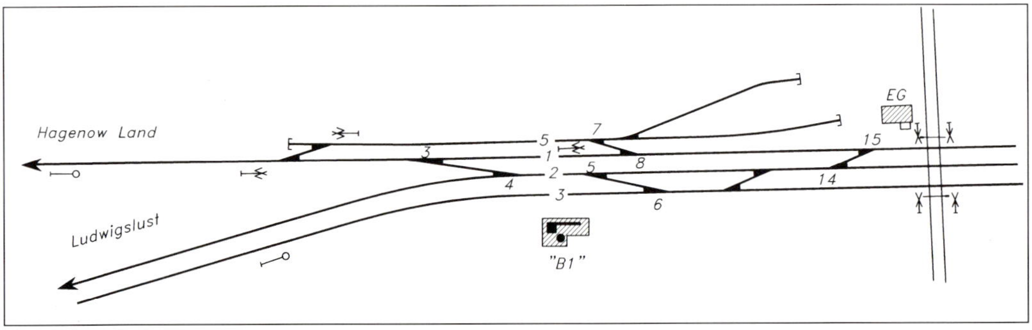

Üblich war es in Holthusen, nach der Bedienung des Gleises 5 die Rangierlokomotive über Gleis 1 »umlaufen« zu lassen. Am Unfalltag fuhr sie jedoch über Gleis 2.
Zeichnung: Pöhler

K. hatte im Stellwerksdienst gearbeitet, war zum Fahrdienstleiter und Dienstvorsteher aufgestiegen und hatte ein Fernstudium zum Techniker bzw. Ingenieur für Betriebs- und Verkehrstechnik absolviert. 1965 meinte die Politische Abteilung der Reichsbahndirektion Schwerin, der erfahrene und gut ausgebildete Eisenbahner gehöre zu ihr. Er wurde von ihr auch in die SED-Kreisleitung überwiesen. 1989 mußte sich der Parteiapparat verkleinern, auch K. sah keine Chance, in ihm zu bleiben. Er mußte sich beruflich neu orientieren. Was blieb?

1989 und 1990 regierte bei der Deutschen Reichsbahn noch immer der Arbeitskräftemangel, und jeder, der Eisenbahner werden wollte, wurde gern eingestellt. Ehemalige Offiziere des Ministeriums für Staatssicherheit folgten Volkes Ruf »Stasi in die Produktion!« und schulten sich in speziellen Lehrgängen an den Betriebsakademien für die neue Tätigkeit um. Die meisten besaßen den Hochschulabschluß, sie galten als eifrig und diszipliniert, so daß sie alsbald als Zugführer, Stellwerkswärter oder Fahrdienstleiter eingesetzt werden konnten. Auch die Genossen der SED-Parteiorgane mußten sich, wie K., einer neuen Beschäftigung widmen. Als die Deutsche Reichsbahn öffentlicher Dienst wurde und der rigorose Verkehrsrückgang einsetzte, schob man diese frischen Eisenbahner alsbald wieder ab. Bei der Deutschen Bahn AG werden bevorzugt Seiteneinsteiger (Versicherung, Sparkasse, Treuhandanstalt usw.) eingestellt, erfahrene Eisenbahner werden »restrukturiert«.

K. war trotz seines politischen Zwischenspiels ein Eisenbahner, der sich in den Vorschriften auskannte. Das bewies er bei der Vernehmung vor den Richtern, weshalb Häme über den unglücklichen Ausgang seines Neueinstiegs unpassend ist. Ihm hatte die Routine gefehlt. Ende 1989 begann er erneut im Betriebsdienst, bestand die Fahrdienstleiterprüfung im Februar 1990 nicht, aber bei ihrer Wiederholung am 1. Dezember. Danach begannen ein achtwöchiger Lehrgang für Fahrdienstleiter, die aus dem Betriebsdienst ausgeschieden waren, und die Einweisung auf dem Stellwerk »B 1« des Bahnhofs Holthusen. Der Dienst hier war für K. eine »unwahrscheinliche Umstellung, die ich mir aber gewünscht hatte.« Nach den vielen Jahren im Parteiapparat gab es einige Neuerungen, wie den zweigleisigen Betrieb, den K. nur aus den Vorschriften kannte.

Am Tag des Unfalls – K. leistete seine zehnte selbständige Schicht – kam eine Übergabefahrt nach Holthusen, die der Streckenrangierleiter Sch. rangierte. Sch. war ebenfalls ein »Neueinsteiger«, der nach dem Abitur 1989 bei der Nationalen Volksarmee die Offiziersausbildung begonnen hatte. Am 2. Mai 1990 trat er bei der Deutschen Reichsbahn als Ungelernter ein, wurde auf dem Bahnhof Schwerin (Meckl)-Görries sowie auf einem Haltepunkt beschäftigt, besuchte einen Lehrgang für Rangierleiter, seit dem Sommer 1992 begleitete er eine Rangierlokomotive als Streckenrangierleiter. Mit ihr brachte er Güterwagen nach Holthusen, die er auf Gleis 5 absetzte. Auf diesem Gleis standen auch Wagen, die die Rangierlokomotive abholen sollte. Sie mußte daher »umlaufen«, wie man dort unter Eisenbahnern sagte. Deshalb fuhr Sch. in Richtung der Strecke nach Hagenow Land über die Weichen 2 und 1, erhielt an der Weiche 1 das Signal »Ra 12« (Rangierfahrt erlaubt) zur Rückfahrt. Üblich war es, über Gleis 1 bis hinter die Weiche 8 zu fahren, weil das der kürzeste Weg zum Gleis 5 war und der Zugverkehr Schwerin – Ludwigslust unbehindert blieb.

Vor der Rangierfahrt nach Gleis 5 war in Holthusen der Eilzug 3753 Hamburg – Schwerin durchgefahren, so daß die Weichen 3 und 4 noch in der ablenkenden Stellung, in der Minusstellung, geblieben, waren, was dem Fahrdienstleiter nicht aufgefallen war. Die Rangierlokomotive fuhr deshalb über Gleis 2 und hätte über die Verbindung Weichen 14/15 nach Gleis 1 und von hier über die Weichen 8/7 zum Gleis 5 gelangen können. Die Weiche 14 stand aber nicht in Richtung Gleis 1, weshalb die Rangierlokomotive vor ihr stehen blieb.

K. hatte auf dem Stellwerk nur eine Lokomotive vorbeirumpeln gehört. Er gab dem D 2731 die Einfahrt nach Gleis 2 frei, will auch aus dem Fenster gesehen haben, daß das Durchfahrtgleis frei war. Er sah die Rangierlokomotive und meinte, sie stünde auf Gleis 1, wunderte sich allerdings, daß sie so weit vorgefahren war. Der Vorsitzende Richter: »Sie haben doch die Weichen 3 und 4 für die Durchfahrt des Schnellzuges umstellen müssen. Ihnen hätte doch auffallen müssen, daß die Weiche 3 gar nicht so stehen durfte, wenn die Rangierlokomotive über Gleis 1 gefahren ist!« Nein, K. war zu sehr damit beschäftigt, dem Schnellzug die »ordentliche Durchfahrt« zu ermöglichen. Dazu gehörten die Bedienung der abgelegenen Schranke, das Vorausmelden des Zuges nach Sülstorf, die Bedienung der Weichen und Signale. Die Rangierfahrt war nebensächlich und fand nur im Unterbewußtsein statt.

»Abspringen!«

Rangierleiter Sch. sah nach dem Stellwerk, eine Funksprechverbindung bestand nicht. Wenn er sich mit dem Fahrdienstleiter verständigen wollte, ging das nur durch Schreien zum Stellwerk, um den Lärm des Dieselmotors zu übertönen, oder mit Hilfe eines Fernsprechers. Deshalb war sich Sch. im unklaren, warum die Weiche 14 nicht umgestellt wurde. Da gab der Fahrdienstleiter mit der Winkerlampe das Signal »Ra 2« (Kommen). Sch. vermutete, die Weiche sei gestört und beauftragte den Lokomotivführer, zum Stellwerk zu fahren. K. wiederum wunderte sich, warum die Lokomotive nicht abbog. Er sah auf die Hebel: Alles in Ordnung! Plötzlich bemerkte er das Malheur: der Schnellzug war bereits am Bahnübergang und die Lokomotive in dessen Gleis. Er rannte zum Fenster und brüllte: »Abspringen!« Da hatte der Rangierleiter das

Spitzensignal des Zuges bereits gesehen. Er und der Lokomotivführer retteten sich durch Absprung.

Sch. saß nun neben K. auf der Anklagebank. Warum? Der Staatsanwalt war nach Abschluß des Ermittlungsverfahrens davon ausgegangen, Sch. habe gegen die Vorschriften verstoßen, indem er über das Gleis 2 gefahren war, über das er nicht fahren durfte (Konsequent zu Ende gedacht, durfte dann der Fahrdienstleiter nicht angeklagt sein). Ausführlich beschäftigte sich das Gericht mit der Verständigung zwischen Rangierleiter und Fahrdienstleiter. Nach der Fahrdienstvorschrift hatte der Rangierleiter die Beteiligten über Ziel, Weg und Zweck der Fahrt zu unterrichten. Diesen Weg zu definieren habe, so der Ankläger, der Rangierleiter versäumt. Stimmte das?

Der aus Berlin angereiste Sachverständige S., der allerdings erst am Schluß der Beweisaufnahme zu Wort kam, erklärte den Prozeßbeteiligten, daß Ziel und Zweck der Rangierfahrt den Beteiligten – Lokomotivführer und Fahrdienstleiter – bekannt waren. Für den Weg hatte Sch. den ortsüblichen Begriff »Umlaufen« verwendet: »Wir fahren nach Gleis 5 und laufen um.« Ob man nun vom Gleis 5 nach Gleis 5 über Gleis 1 oder Gleis 2 umlaufe, hielt der Sachverständige für nebensächlich. Hauptsächlich für den Zusammenstoß war die mangelhafte Fahrwegprüfung durch den Fahrdienstleiter. S. wies nach, daß der Fahrdienstleiter von seinem Arbeitsplatz aus ohne weiteres erkennen mußte, daß die Lokomotive nicht auf Gleis 1, sondern auf Gleis 2 stand. K. wurde zu einer Geldstrafe von 4500 Mark verurteilt und mußte die Kosten des Verfahrens tragen. Er fühlte sich lebenslänglich bestraft, denn, so K.: »Was ich erlebt habe, werde ich nicht mehr los.«

Für das Ermittlungsorgan besteht immer die Pflicht, zwischen der moralischen Verfehlung und der strafrechtlichen Verantwortlichkeit zu trennen. Zwischen Pflichtverletzung und dem Straftatbestand muß ein kausaler Zusammenhang bestehen, und den gilt es nachzuweisen oder zu verneinen. Dabei kann der Fachmann – oder bereits als Sachverständiger bestellt – noch vor dem Beginn eines Ermittlungsverfahren oder dessen Abschluß helfen.

Als beim Amtsgericht Plön der Unfall von Raisdorf (siehe 3. Abschnitt) verhandelt wurde, hatte der Sachverständige aus Essen auf das Verhalten der Fahrdienstleiterin einzugehen. Sie veranlaßte das Umsetzen des Kleinwagens von Gleis 2 nach Gleis 1, worauf der Kleinwagenführer das Signal »Sh 1« («Fahrverbot aufgehoben«, zwei weiße Lichter) mit Signal »Zs 1« (Ersatzsignal, drei weiße Lichter) verwechselte und bei der Fahrt in das Streckengleis mit dem Eilzug 3004 zusammenstieß. Die Fahrdienstleiterin wollte durch das Umsetzen vermeiden, daß sie beim Eilzug von der Bahnhofsfahrordnung abwich. Durfte sie das nicht?

Strikt verneinte der Sachverständige D. eine solche Abweichung, die doch gerechtfertigt gewesen wäre. Durch sie wäre es nicht zum Unfall gekommen. Nach der Vorschrift darf der Fahrdienstleiter von der Bahnhofsfahrordnung nur in begründeten Fällen abweichen, birgt doch jede Abweichung von der festgelegten Gleisbenutzung eine Gefahr in sich, besonders dort, wo mehrere Betriebseisenbahner an der Zugfahrt beteiligt sind. Hier aber hätte die Fahrdienstleiterin die Abweichung begründen können, denn das vorgesehene Einfahrgleis war vom Kleinwagen besetzt. Außer der Fahrdienstleiterin gab es – neben dem Zugpersonal – keine Beteiligten, die von der Abweichung betroffen und zu verständigen waren. Das Zugpersonal erfuhr die Abweichung durch die Signalbilder der Lichtsignale.

Der Sachverständige D., der den Eindruck hinterließ, von seinen Kenntnissen sehr eingenommen zu sein, erklärte seinen Standpunkt so: »Die Fahrt des Eilzuges über Gleis 1 hätte bei der Einfahrt eine Geschwindigkeitsbeschränkung auf 40 km/h und dadurch Fahrzeitverlust bedeutet. Bei der Deutschen Bundesbahn gelte aber der Grundsatz: Pünktlichkeit gehe vor Sicherheit, weshalb die Entscheidung der Fahrdienstleiterin korrekt gewesen sei. Hier irrte er, galt doch bislang bei der »Dreifaltigkeit« Sicherheit – Pünktlichkeit – Wirtschaftlichkeit des Betriebsdienstes der Vorrang der Sicherheit. D. ging es offensichtlich bei »seinem« Grundsatz darum, die Fahrdienstleiterin vom Schuldvorwurf zu entlasten. Sicherlich verstieß er gegen die Grundsätze für die Tätigkeit des Sachverständigen, abgesehen davon, daß es vor seiner Aussage keinen solchen Schuldvorwurf gegen die sammengebrochene Stützmauer, wobei die Lokomotive 140 633 und drei Wagen entgleisten.[41] Der von Heidelberg nach Saarbrücken fahrende D 2754 fuhr in diese Fahrzeuge und entgleiste mit sämtlichen Fahrzeugen (Lokomotive 110 104 und vier Wagen). Eine Reisende wurde getötet, zehn Menschen schwer- und 28 leichtverletzt.

Bevor die Staatsanwaltschaft ein Ermittlungsverfahren einleitet, läßt sie in der Regel durch die Kriminalpolizei prüfen, ob überhaupt eine Straftat vorliegt. In diesem Fall war durch den entgleisten Güterzug ein Hindernis bereitet worden. Warum hatte der Lokomotivführer des Güterzuges nicht

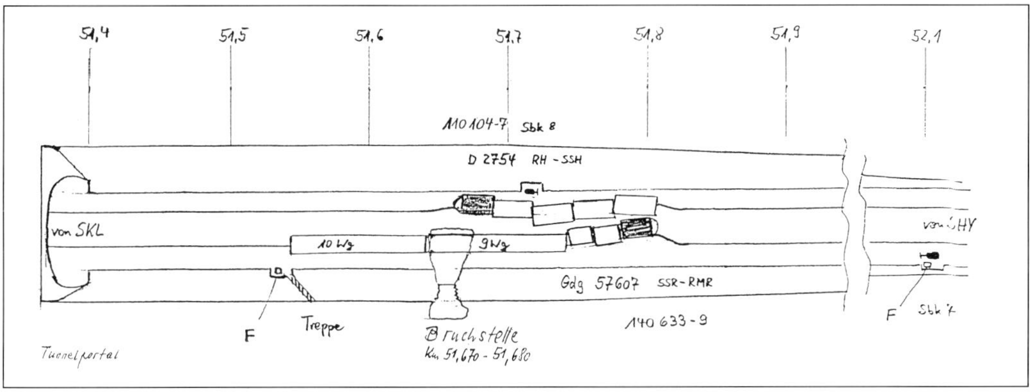

Unfallskizze der Bahnpolizei. Es bedeuten (v. l. n. r.): SKL Kaiserslautern, F Fernsprecher, Sbk Selbstblocksignal, RH Heidelberg, SSH Saarbrücken Hbf, SSR Saarbrücken Rbf, RMR Mannheim Rbf.

Fahrdienstleiterin gegeben hatte. Und wenn, wäre es bei einer moralischen Schuld geblieben. Schließlich unterlief D. noch der logische Fehler, dem Gericht zu sagen, die induktive Zugbeeinflussung einschließlich entsprechender Fahrzeugeinrichtung am Skl hätte den Unfall verhindert, ohne zu bedenken, daß der Skl-Führer diese bei Fahrt auf Ersatzsignal mit Hilfe des Befehlsschalters abgeschaltet hätte.

»Ich saß nach dem Aufprall noch auf meinem Führerstuhl«

Am 28. Juni 1988 fuhr Gdg 57607 am Ostportal des Heiligenbergtunnels (Strecke Hochspeyer – Kaiserslautern) in eine zu-

dafür gesorgt, daß der Schnellzug vor der Unfallstelle anhielt? Konnte der Lokomotivführer des Schnellzuges seinen Zug nicht vor der Gefahrenstelle anhalten? Eine Besprechung auf dem Bahnhof Kaiserslautern am 1. Juli 1988 mit Eisenbahnern, die heute – vornehm ausgedrückt – zum Notfallmanagement gehören, erbrachte nichts, weil keiner der Anwesenden beurteilen konnte, zu welchem Zeitpunkt sich die Züge an welcher Stelle befunden hatten. Dieses Dilemma gehört oft zu den Aussagen vor Gericht.

Und doch gibt es ein zuverlässiges Mittel, jede Phase des Ablaufs zu bestimmen: das Zeit-Weg- und Geschwindigkeits-Weg-Diagramm auf der Grundlage des Registrierstreifens der punktförmigen Zugbeein-

Der Güterzug entgleiste wegen einer zusammengebrochenen Stützmauer. Foto: Kriminalpolizei Kaiserslautern

flussung. Es gibt darauf spezialisierte Sachverständige. Im Fall von Hochspeyer konnte der Sachverständige W. auf diese Weise feststellen, daß der Lokomotivführer des Zuges 57607 etwa 150 m vor dem Böschungsrutsch die Gefahr erkannte und die Schnellbremsung einleitete. 130 m nach der Entgleisung kam der Zug zum Stehen, das heißt (150 m + 130 m) 280 m standen als Bremsweg zur Verfügung. Der Schnellbremsweg aus der Geschwindigkeit von 77 km/h, die der Zug fuhr, beträgt allerdings 490 m mit einer Toleranz von zehn Prozent. Wo sind die 210 m Differenz zum tatsächlichen Bremsweg geblieben?

Der Sachverständige meinte: Nicht allein der Geschwindigkeitsverlust beim Auffahren auf das Hindernis im Gleis und die Entgleisung hätten diesen Teil des Bremswegs »verschluckt«. Denn – auch wieder laut Registrierstreifen – der Zug fuhr mit einer Geschwindigkeit von 75 km/h auf den Erd- bzw. Steinhaufen. Aus dieser Geschwindigkeit kann der Zug bei 60 Bremsprozenten nicht nach 130 m anhalten. Der Sachverständige folgerte: Als der Schnellzug auf die entgleiste Lokomotive fuhr, war der Güterzug noch nicht zum Stillstand gekommen. Er fuhr noch mit einer Geschwindigkeit von 20 ... 50 km/h. Erst der Zusammenstoß mit dem Schnellzug bei einer Geschwindigkeit von etwa 113 km/h brachte den Güterzug zum Halten.

Nun die Reaktion des Schnellzug-Lokomotivführers H.: Sein Zug kam mit Verspätung in Neustadt (Weinstraße) an. Nahe Hochspeyer setzten wolkenbruchartige Niederschläge ein. Die Scheibenwischer brachten kaum noch Sicht. Den Bahnhof Hochspeyer durchfuhr der Zug mit 100 km/h; H. durfte auf 130 km/h beschleunigen, eine Geschwindigkeit, die er vor dem Tunnel erreichte. Plötzlich sah H., daß der Spannungsmesser keinen Strom mehr anzeigte. H. vermutete einen Blitzschlag. Im selben Moment blickte er zu einer elektrischen Lokomotive in seinem Gleis. Es gab einen heftigen Schlag. »Die ganze Situation spielte sich derart schnell ab, daß ich nicht mehr zum Bremsen kommen konnte. Ich versuchte, mich noch nach rechts wegzubeugen, saß aber nach dem Aufprall noch auf meinem Führerstuhl«, sagte er der Kriminalpolizei. H. war derart eingeklemmt, daß er den Führerstand nicht verlassen konnte. Nach 15 Minuten erschien der Zugschaffner und fragte, ob er sehr verletzt sei. Das war aber nicht der Fall. Nach der Aussage bei der kriminalpolizeilichen Vernehmung hatte H. keine Gelegenheit, seinen Zug vor dem ent-

Die Lokomotive des Güterzuges geriet in den Fahrweg des entgegenkommenden Schnellzuges. Foto: Kriminalpolizei Kaiserlsautern

gleisten Güterzug anzuhalten.

War das die Wahrheit? Der Sachverständige half. Der Bremsweg bei den gefahrenen 113 km/h (nicht 130 km) betrug entsprechend der Schnellbremswegberechnung 491 m mit zehn Prozent Toleranz. Tatsächlich kam der Schnellzug innerhalb 120 m zum Stehen; der größte Teil der kinetischen Energie ist durch den Aufprall und die Formveränderung aufgebraucht wor-

Chaos auf dem Bahnhof Northeim. Ein in das Gleis gefallener Puffer bringt einen Güter- und einen Schlafwagenzug zum Entgleisen.
Foto: dpa/Tschanner

den. Der Sachverständige: »Beide Züge sind um 15.26 Uhr aufeinander geprallt. Dabei war der Gdg 57607 nach der Schnellbremsung und Entgleisung an der Stelle des Böschungsrutsches noch nicht zum Stehen gekommen. Zum Zeitpunkt der Kollision befanden sich beide Züge noch in Bewegung. Der Unfall stellte für beide Triebfahrzeugführer ein unabwendbares Ereignis dar. Sie konnten keinerlei Sicherungsmaßnahmen oder Warnungen vornehmen.«

Nur eine halbe Minute ...

»Nachfragen zum Northeimer Unfall« titelte die Zeitung »Blickpunkt Bahn« 12/1992 einen der seltenen Beiträge, bei dem die Deutsche Bundesbahn zu einem schweren Eisenbahnunglück versuchte, die Hintergründe zu erhellen. Am 15. November 1992 verloren auf dem Bahnhof Northeim (Strecke Hannover – Göttingen) elf Menschen ihr Leben, als D 482 (München – Kopenhagen) in die entgleisten und in das Nachbargleis ragenden Güterwagen des Zuges 64683 fuhr.[42] »An der Unfallstelle wurde festgestellt, daß von einem Bahndienstwagen, der an zweiter Stelle im Güterzug lief, ein Puffer mit Pufferkonsole und einem Teil des Kopfstückbleches abgerissen und ins Gleis gefallen war. Dieser zentnerschwere Klotz verkeilte sich unter dem siebenten Güterwagen und hebelte diesen und weitere 14 der insgesamt 43 Güterwagen aus den Schienen. Durch den Abriß der Kupplung wurde beim Güterzug sofort eine Vollbremsung ausgelöst. Der Schnellzug, der in Richtung Hannover unterwegs war, fuhr in die entgleisten Güterwagen. Bei dem Zusammenprall (besser Zusammenstoß – E. P.) sprangen sieben der zwölf Reisezugwagen des Nachtzuges aus den Schienen. Zwei Reisezugwagen durchbrachen ein Brückengeländer und blieben über der die Bahngleise unterquerenden Bundesstraße 241 hängen«, erklärte »Blickpunkt Bahn« und stellte die Frage: »Hätte der Schnellzug noch rechtzeitig zum Halten gebracht werden können?«

Wegen der beschädigten Gleisschaltmittel durch die umgestürzten Güterwagen hatte das für den Schnellzug auf Fahrt stehende Ausfahrsignal die Haltstellung eingenommen, doch der Zug war bereits so nahe am Ausfahrsignal, daß nur die durch die punktförmige Zugbeeinflussung ausgelöste Zwangsbremsung einsetzte und die Geschwindigkeit von 120 km/h auf 100 km/h ermäßigte. »Wäre der Schnellzug nur eine halbe Minute später durch Northeim gefahren, wäre es nicht zu diesem tragischen Unfall gekommen. So konnte, obwohl alle Sicherheitssysteme einwandfrei funktionierten, der Zusammenprall nicht mehr abge-

Der siebente Wagen, ein Plattenwagen, entgleiste, stieß an eine Brücke, stürzte um und brachte die nachfolgenden Wagen zum Entgleisen. Foto: Peide

Der Werkstattwagen 99-11208 lief an zweiter Stelle im Zug und verlor einen Puffer.
Foto: Peide

wendet werden«, behauptete die Bahnzeitung. Über die wirkliche Ursache lesen wir im letzten Absatz: »Der vom Bahndienstwagen abgerissene Puffer als Unglücksursache ist der einzige bisher bekannt gewordene Fall. Vorsorglich wurde aber sofort angeordnet, alle Fahrzeuge, die diese Pufferaufhängung (welche? - E. P.) aufweisen, einer Sonderuntersuchung zu unterziehen.«

Die Behauptung, ein verlorener Puffer sei einmalig, ist nicht richtig. Jeder langgediente Betriebseisenbahner kennt den Fall »Puffer im Gleis«. Am 6. November 1996 entgleiste bei Neuhof (Strecke Berlin – Dresden) ein Güterzug, weil ein tschechischer Wagen einen Puffer verloren hatte. Auch die SNCF hatten ihren Puffer-Unfall. Am 9. Februar 1994 entgleiste der Hochgeschwindigkeitszug TGV bei Besançon, weil ein vorausgefahrener Güterzug einen Puffer verloren hatte. Die Staatsanwaltschaft in Göttingen beschäftigte sich mit dem abgefallenen Puffer. Lag ein Wartungsfehler vor, für den es einen Schuldigen geben muß? Die Berichterstatter der Tagespresse gingen dieser Frage nicht nach, sondern mobi-

Die Abrißstelle des Puffers.
Foto: Peide

Das Corpus delicti beschäftigte sehr lange die Staatsanwaltschaft in Göttingen.
Foto: Peide

lisierten die Öffentlichkeit mit Vorwürfen, warum die besonderen Rettungszüge der Deutschen Bundesbahn nicht zur Unfallstelle beordert worden sind. Sie sind für die Hochgeschwindigkeitsstrecken vorgesehen und ausgerüstet, insbesondere für die Rettung von Menschen aus dem Tunnel. Für ihren Einsatz in Northeim gab es keine Veranlassung. Lieber hätten sich die Zeitungen für den Puffer und seine Befestigung interessieren sollen. Daß mit ihr etwas nicht stimmte, lag nach einer Weisung der Deutschen Bundesbahn auf der Hand. Die sogenannten Einheitsgerätewagen der Hilfszüge besaßen die gleiche Konstruktion der Pufferbohle wie der unfallauslösende Bahndienstwagen, weshalb angeordnet worden war, ein Techniker des Hilfszugpersonals müsse auf jeder Zugmeldestelle dem Fahrdienstleiter bestätigen, daß noch alle Puffer am Zug sind. Die benachbarten Gleise mußten bis zur Abgabe der Meldung gesperrt werden. Diese Anordnung führte zu betrieblichen Einschränkungen. Deshalb

Ein Puffer im Gleis brachte im Bahnhof Neuhof diese Behälterwagen zum Entgleisen.

wurden 23 der von Bundesbahnern als Salonwagen verspotteten Hilfszüge der Deutschen Reichsbahn zum DB-Streckennetz umgesetzt. Offenbar handelte es sich bei dem Puffer, der in Northeim ins Gleis fiel, nicht um eine einmalige Materialermüdung oder ähnliches, sondern um eine organisierte Panne im Werkstattdienst, die auf weitere Wagen zutraf.

Deshalb ließ die Staatsanwaltschaft untersuchen, ob derartige Wartungsmängel das Werkstattpersonal hätte bemerken müssen. Das vorläufig letzte Wort wird der Sachverständige haben. Bis zum Manuskriptschluß dieses Buches im Dezember 1996 hieß es aus Göttingen, die Ermittlungen in dem Verfahren seien noch nicht abgeschlossen. Auch vermochte man nicht zu sehen, wann dies der Fall sein könnte.

»Der Zug begann zu tanzen«

Daß es bei Eisenbahnunfällen mitunter schwierig ist, die Ursache zu ermitteln (dann erst läßt sich die Schuldfrage stellen) und/oder daß man zu verblüffenden Ergebnissen kommt, zeigen die folgenden Beispiele. Am 22. Dezember 1993 entgleiste bei Lille ein Zug des TGV-Nord – übrigens war das die vierte Zugentgleisung in der Geschichte des TGV. Der mit 314 km/h fahrende Zug Valenciennes – Paris fuhr über eine 2 m tiefe und 15 m lange Absenkung und anschließend auf dem Schotter weiter. Niemand wurde ernsthaft verletzt. »Der Zug begann auf einmal zu tanzen«, erklärte der Triebzugführer, »alle Meldelampen leuchteten auf, worauf ich sofort eine Notbremsung einleitete. Nach zwei Kilometern kam er zum Stehen.« Einige SNCF-Fachleute rühmten das »sicherheitsorientierte Konstruktionsprinzip«: der fest verbundene Gliedertriebzug hielt wie eine »Wirbelsäule« zusammen und verhinderte, daß sich die Drehgestelle unter dem Zug querstellten und die Wagenkästen mitrissen. Günstig wirkte sich auch die gegenüber herkömmlichen Zügen gut 30 cm tiefere Lage des Schwerpunkts aus. Andere Fachleute prüften, inwieweit der Unterbau mangelhaft hergestellt worden war, so daß ihn ein Regen unterspülen konnte. Nichts von dem! Ursache waren Aushöhlungen, die aus der Zeit des ersten Weltkrieges stammten, die aber auf den für die Streckenprojektierung benutzten Plänen nicht eingezeichnet worden waren.

Die Ursache für die Katastrophe südlich des Bahnhofs Schönebeck (Elbe) (Strecke Halle – Magdeburg) am 1. Juni 1996 wird wohl nie aufgeklärt werden. Wöchentlich erhält der BSL Olefineverbund in Schkopau, der im Jahr 130 000 t Polyvinylchlorid verarbeitet, einen Kesselwagenzug aus Belgien. Kurz vor dem Bahnhof war der erste von 18 mit Vinylchlorid gefüllten Kesselwagen eines Güterzugs entgleist und gegen einen Oberleitungsmast geprallt. Dabei explodierte er, vier Wagen brannten aus. Zum sogenannten Notfallmanagement der Bahn äußerten übrigens die Deutsche Bahn AG und das Wirtschaftsministerium von Sachsen-Anhalt ganz unterschiedliche Ansichten. Während der Wirtschafts- (und Verkehrs-) Minister Jürgen Heyer über das fehlende Krisenmanagement und fehlende Informationen der Deutschen Bahn klagte (für ihn war am Unfalltag kein Vorstandsmitglied erreichbar), stellte die Pressestelle der Bahn in Frankfurt (Main) den Ablauf nach dem Unfall so dar, als sei er mustergültig gewesen. Dabei verwechselte sie (als Indiz fachlicher Inkompetenz) in ihrer Pressemitteilung die Termini Zugführer und Lokomotivführer. Allein Peter Münchschwander, das fachkundige Vorstandsmitglied, der sich »in aller Stille« die Unfallstelle angeschaut hatte, räumte ein, die Notfallorganisation der Bahn könnte verbessert werden.

Der Streit über die Frage, ob die Räumung der Unfallstelle oder das Ergründen der Ursache Vorrang hat, ist alt und schwelte schon, als die Gruppe von Fachleuten sich noch Unfalluntersuchungskommssion nannte und ohne Managament und Geländewagen auskam. Grundsätzlich haben die

Das Loch in der TGV-Strecke.
Foto: La Vie du rail

Hilfe für die Verletzten und die Bergung der Toten und Verletzten sowie die Beräumung der Unfallstelle Vorrang, damit der Zugverkehr wieder rollen kann, es sei denn, ein Staatsanwalt unterbindet das. Bereits dabei können Spuren und Beweismittel verloren gehen, die Anhaltspunkte für die Ursachenforschung sind.

Als am 4. Juni – drei Tage nach dem Unfall – die »behördliche Sperrung der Unfallstelle« aufgehoben wurde, konnte die Ursache der Entgleisung erforscht werden. Gleichzeitig mußten auf einer Fläche von etwa 2500 m≈ Erdreich abgetragen und auf 400 m Länge Gleise und Oberleitung erneuert werden. Über drei Wochen nach der Katastrophe waren die Bahnanlagen wieder hergestellt und der Zugverkehr möglich.

Jegliche Unfalluntersuchung muß angesichts von Trümmern und Spuren sich zuerst mit der Frage beschäftigen, was die **Folge** ist und was die **Ursache** des Unfalls sein kann? Beispielsweise findet man bisweilen sowohl am Spurkranz des Rades als auch an der Schiene, am Kleineisen und an den Schwellen eisenbahntypische Spuren. Das sagt nichts darüber aus, wer der Spurenträger und wer der Spurenverursacher ist. Aber gerade die Beantwortung dieser Frage ist von großer Bedeutung und nur erfahrenen Fachleuten möglich, deren Blick nicht durch Voreingenommenheit getrübt ist.

In Schönebeck war die Suche nach Spuren dadurch erschwert, daß diese durch das Ausbrennen des Kesselwagens fast vollständig vernichtet wurden und das Ausmaß der Zerstörung am Gleis und – vor allem durch die Löscharbeiten – am Fahrzeug groß war. Der Lokomotivführer wurde von der Staatsanwaltschaft Magdeburg nach der Auswertung des Fahrtschreibers alsbald von jeglicher Schuld freigestellt, ebenso der Fahrdienstleiter durch das Eisenbahn-Bundesamt.

Nicht bestätigt wurde die Vermutung, der Radsatz des zuerst entgleisten Wagens sei gebrochen. Ende Juni wollte das Eisenbahn-Bundesamt mit sogenannten wissen-

Am 1. April 1986 entgleiste bei Leißling (Strecke Halle – Erfurt) ein Güterzug infolge gebrochener Radscheibe an einem der Zementbehälterwagen. Die Suche nach dem Grund der Entgleisung ist oft schwierig, muß man doch zwischen Ursache und Wirkung (Folge) unterscheiden.

Auch die Ermittlung der Ursache von Rangierunfällen kann ihre Tücken haben. In Berlin-Moabit soll ein im Herzstück der Weiche festgeklemmter Hemmschuh zur Entgleisung des Rungenwagens geführt haben (8. September 1993).

schaftlichen Arbeitshypothesen prüfen, ob es technisch möglich sei, daß Bewegungen in einem der Kesselwagen zur Entgleisung führten. Von der Hand zu weisen ist eine derartige These nicht, schließlich besaßen Kesselwagen früher Schwallbleche, damit sich die Bewegung des Ladeguts nicht aufschaukeln und damit den Wagen zum Entgleisen bringen konnte. 14 Tage danach wurde diese These verworfen.

Wie üblich nach aufsehenerregenden Ereignissen wurden sogleich Konsequenzen gefordert, doch alsbald hörte man von ihnen nichts mehr. Die Chemieindustrie forderte zehn Tage nach der Schönebecker Katastrophe den Ausbau der Bahninfra-

Mit Schaum versuchte die Feuerwehr den Kesselwagen zu bedecken, der am 16. April 1989 bei Rotenburg (Wümme) (Strecke Hamburg - Bremen) entgleist war und Reste von Propylenoxid oder Tolyendiscocyanat enthielt. Bei Entzündung des Stoffes oder Verbindung mit Sauerstoff kann es zu Explosionen kommen. Vorsorglich mußten 1000 Menschen ihre Wohnungen verlassen.
Foto: AD-AP

Die Unfallstelle auf dem Bahnhof Neuwied.
Foto: Peide

Beim ersten Radsatz des ersten Wagens brach in Neuwied die Radscheibe.
Foto: Peide

Nachdem der Wagenkasten angehoben worden war, wurde die gebrochene Radscheibe sichtbar.
Foto: Peide

struktur und mehr Gleisanschlüsse. Damit rannte sie bei der Deutschen Bahn AG offene Türen ein. Hätte die Industrie nicht so viele Transporte auf die Straße verlagert, wären bestimmt nicht Gleisanschlüsse stillgelegt und Strecken abgebaut worden. Die Gefahrgutvorschriften für die Bahn zu verschärfen, wie es ebenfalls gefordert wurde, führt andererseits nur dazu, daß noch mehr Chemikalien über die Straße transportiert werden. Die Transporte Belgien – Schkopau dürften sich ohnehin bald erübrigen, da das Werk in Schkopau zum Ende des Jahres 1996 die Produktion von Vinylchlorid aufnehmen wird.

Der Bruch des Radreifens oder des Rades als Ursache folgenschwerer Entgleisungen kommt immer einmal vor. Jede Bahnverwaltung hat ihr Lehrgeld zahlen müssen. Und es gibt eine Vielzahl von Vorkehrungen, um dieses technische Gebrechen, das in der Frühzeit der Eisenbahn gleich den Kesselzerknallen an der Tagesordnung war, zu vermeiden oder rechtzeitig zu erkennen. Aber nichts ist vollkommen! Am 11. November 1993 erhielt Tdg 44053 eine wagentechnische Untersuchung, ohne daß etwas Außergewöhnliches festgestellt wurde. Auf dem Bahnhof Porz (Rhein) wurde an einem gedeckten Wagen der Gattung Hbis die Druckluftbremse ausgeschaltet, weil sie nicht löste. Nach zehn Kilometer Fahrt, in Troisdorf, mußte der Zug erneut wegen einer Bremsstörung anhalten. Jetzt wurde die ausgeschaltete Bremse eingeschaltet, der Wagenmeister führte eine vereinfachte Bremsprobe aus. Nach weiteren rund 50 km Fahrt, auf dem Bahnhof Neuwied, geschah das Malheur: der Wagen mit der gestörten Bremse entgleiste. Ein alter Riß hatte zum Radscheiben-Rundbruch geführt. Ob die feste Bremse ihn auslöste, wurde nicht bekannt. Bei sogenannten vereinfachten Fristuntersuchung acht Monate vorher im Ausbesserungswerk Fulda hatte man offenbar den Riß nicht bemerkt. Die Deutsche Bundesbahn hatte trotzdem Glück, denn ein Gegenzug hätte das Ausmaß des Unfalls erheblich vergrößert.

[34] *Das Stellwerk »Ef« war entgegen der bei der DB üblichen Bezeichnung kein Befehls-, sondern ein Wärterstellwerk am östlichen Bahnhofskopf in Richtung Wutha. Der Fahrdienstleiter befand sich auf Stellwerk »Em«.*

[35] *§ 38 der Strafprozeßordnung der DDR*

[36] *Kurt Jessnitzer, Der gerichtliche Sachverständige, Köln, Berlin, Bonn, München 1978.*

[37] *Eisenbahntechnische Rundschau, Darmstadt, 10/1996, S. 632*

[38] *§ 73 Abs. 2 der Strafprozeßordnung der BRD*

[39] *Wer sich umfassend und genau orientieren möchte, dem empfehle ich das Buch einer sicherlich unverdächtigen amerikanischen Autorin: Inga Markovits »Die Abwicklung«, München 1993.*

[40] *Unmittelbar nach dem Unfall, am 14. November 1981, erließ Günther Knobloch, Stellvertreter des Ministers für Verkehrswesen und Erster Stellvertreter des Generaldirektors der DR, eine Weisung, unter welchen Bedingungen nicht ständig im Betriebsdienst eingesetzte Eisenbahner im Betriebsdienst beschäftigt werden durften.*

[41] *Die Stützmauer brach bei einem Unwetter zusammen. Ursache war aber die mangelhafte Instandhaltung.*

[42] *Hinzu kamen 51 Verletzte, darunter 30 Schwerverletzte.*

Nachtrag

Bis zum Manuskriptschluß des Buches »Tragischer Irrtum« war es nicht möglich, zum Unfall in Mende am 22. Dezember 1968 Einzelheiten zu recherchieren. Desgleichen waren Ursache und Schuldfrage des Unfalls in Paris Gare de Lyon am 27. Juni 1988 noch nicht geklärt. Inzwischen liegen mir weitere Erkenntnisse vor, die ich nachtragen möchte.

Zur Erinnerung: Am 22. Dezember 1968 um 17.03 Uhr stießen nahe dem Bahnhof Mende (Strecke Budapest – Békecsaba) der Fernpersonenzug 6616/a und der Güterzug 5565 zusammen. Dabei kamen 43 Menschen ums Leben, hauptsächlich Mütter und Kinder, für die die beiden ersten Wagen reserviert waren, sowie der Zugführer und der Lokomotivheizer des Personenzuges (Lokomotive 424.141). Neun Personen wurden lebensgefährlich, 15 schwer und 36 leicht verletzt. Vom Güterzug entgleisten elf Wagen, vom Personenzug zwei Wagen. Dieser Unfall war der schwerste in der Geschichte der Ungarischen Staatseisenbahnen.

Über ihn berichtete im deutschsprachigen Raum die österreichische Zeitschrift »Eisenbahn« in ihrer Nummer 2/1969 mit einem Text, der die Veröffentlichungen ungarischer Tageszeitungen zur Grundlage hatte und dementsprechend so gut wie nichts über Ursache und die Schuldigen angab. Meine Recherche in der Generaldirektion der Ungarischen Staatseisenbahnen wurde von der Inspektion des Generaldirektors (die wie bei allen sozialistischen Bahnverwaltungen aus Offizieren des Staatssicherheitsdienstes oder dessen Helfern bestand) mißtrauisch begleitet, doch der für die Betriebssicherheit zuständige Fachmann gab sich erstaunlich offen und im Bilde und diskutierte mit mir über die sogenannten »Weihnachtsunfälle«, häufen sich doch in den Tagen vor dem 24. Dezember bei allen Bahnverwaltungen die Eisenbahnunfälle, ohne daß man eine schlüssige Erklärung dafür findet.

Gerade zu dieser Zeit sind die Züge meist gut besetzt oder sogar überfüllt, so daß Unfälle mit Reisezügen besonders tragisch ausgehen. Genauso war es beim Unfall in Mende, zu dem ich noch erfuhr, daß die Ursache im Stellwerksneubau und dem Umbau der Bahnhofsanlagen zu suchen sei. Einzelheiten sollte ich schriftlich mit der Post erhalten. Diese Post ist nie angekommen, meine Erinnerungen blieben unbeantwortet.

Gábór Zámbo aus Budapest half schließlich 1994, die Wahrheit von Mende ins Licht zu rücken. Er schrieb: An diesem Tag hatte Zug 6616/a schon vor der Abfahrt Schwierigkeiten. Zum Lokomotivführer wurde neben dem eingeteilten Heizer ein zusätzlicher Heizer als Lotse gestellt, der aber die Strecke Budapest Keleti pu (Ostbahnhof) – Ujszász – Szolnok nicht gut kannte. Zum Beispiel wußte er nicht, in welchen Abschnitten die Strecke eingleisig ist. Ein verhängnisvoller Mißstand, von dem einiges abhängen sollte. Der schwer verletzte Lokomotivführer P. konnte erst nach einem halben Jahr aussagen. Am Unfalltag soll es in Budapest Keleti pu zwischen dem Bahnhofs- und dem Lokomotivpersonal starke Spannungen gegeben haben.[43] P. reagierte nervös, auch als er einen schriftlichen Befehl erhielt, nach dem die Strecke zwischen Mende und Sülysáp seit 20. Dezember zweigleisig sei. Diesen Befehl las der Lokomotivführer nicht.

Im Bahnhof Mende verlief der Zugbetrieb bis 16.40 Uhr ordnungsgemäß ab. Die am 10. Dezember in Betrieb genommene Sicherungsanlage des Typs DOMINO – wie sie auch von den Schweizerischen Bundesbahnen verwendet wird –, der automatisierte Streckenblock Gyömrö – Mende und der halbautomatisierte Streckenblock Mende – Sülysáp funktionierten ohne Beanstandungen. Auf Gleis 5 des Bahnhofs Mende standen die Wagen eines Güterzuges, dessen Lokomotive in den Gleisen 1 und 2 rangierte. Um 16.46 Uhr waren die zwei durchgehenden Hauptgleise 3 und 4 frei. Aus Gyömrö näherte sich der Personenzug 2516, der im Gleis 4 halten sollte, und aus der Gegenrichtung näherte sich Zug 5565, den das Unglück traf. Dieser Güterzug verkehrte 120 Minuten vor der planmäßigen Zeit.

Der Heizer besaß keine Streckenkenntnis

Um 16.49 Uhr bot der Fahrdienstleiter in Gyömrö dem Fahrdienstleiter Sz. in Mende den sechs Minuten verspäteten Zug 6616/a an, der ihn auch annahm. Sz. kalkulierte, daß der Entlastungszug 6616/a den Zug 2516 überholen könne, da für den Entlastungszug kein planmäßiger Halt in Mende vorgesehen war. Dafür holte er sich vom Zugleiter die Genehmigung. Um 16.50 Uhr näherte sich Zug 2516 dem Einfahrsignal, so daß für Sz. nur eine Möglichkeit blieb: Zug 2516 mußte in Mende so lange halten, bis Zug 6616/a über Gleis 3 durchgefahren war, die Weichen für die Ausfahrt aus Gleis 3 nach Sülysáp zurückgestellt, die Ausfahrt aus Gleis 4 nach Sülysáp eingestellt und der Zug 6616/a zurückgeblockt waren.

Die richtige Bedienung des Stellwerks für die Fahrt des Zuges 6616/a wäre gewesen: Zur Einfahrt die Tasten B und V 3 (Start- und Zieltasten) gleichzeitig zu drücken, zur Ausfahrt die Tasten V 3 und d. Die eingestellte Fahrstraße mußte durch den Fahrdienstleiter überprüft werden, der ganze Vorgang dauert etwa 60 bis 80 Sekunden. Aber Sz. stellte nicht die richtige Fahrstraße ein. Er drückte statt der d-Taste die 3 cm entfernte c-Taste, so daß scheinbar eine falsche Fahrstraße aufgebaut werden sollte. Sz. unterließ außerdem die Fahrwegprüfung. Allerdings sah die Sicherungsanlage eine solche Fahrstraße nicht vor. Sz. begriff nicht, warum das Stellwerk nicht seiner Bedienung folgte. Er wurde nervös und wiederholte die Bedienung, wieder mit der falschen Taste! Der Zug fuhr nach Gleis 3 ein, und der Fahrdienstleiter versuchte, mit Hilfstasten das Signal V 3 in die Fahrtstellung zu bringen. Das gelang nicht, denn das Streckengleis von Sülysáp war vom Zug 5565 besetzt. Jetzt entschied Sz., das sogenannte Rufsignal zu geben, wozu er aus dem Dienstraum lief.

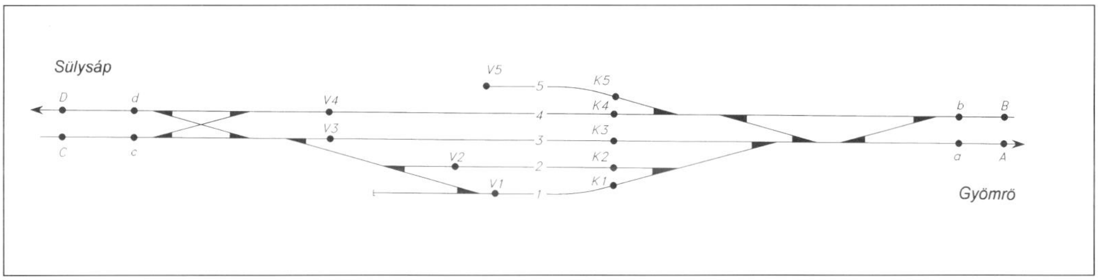

Prinzipskizze des Gleisbildes auf dem Stellwerk in Mende. Der Fahrdienstleiter irrte sich bei der Bedienung der Drucktasten, als er die Ausfahrt des Zuges 6616/a vorbereitete.
Zeichnung: Pöhler

Als sich Zug 6616/a dem Bahnhöfe Mende näherte, zeigte das Einfahrvorsignal die Warnstellung. Der Lokomotivführer versuchte, den Dampfregler zu schließen, was ihm nicht gelang. Er hätte in Mende anhalten müssen, um den Schaden zu beheben, und so wäre der Zug seiner Katastrophe entgangen. Aber er entschied, nicht anzuhalten, zumal jetzt das Einfahrsignal die Ein-

Hauptsächlich Mütter und Kinder wurden aus den Trümmern in Mende geborgen. Sammlung Zámbór

fahrt erlaubte, wenn auch nur bei einer Geschwindigkeit von 40 km/h. Im Bahnhof erhielt der Lokomotivführer das sogenannte Rufsignal, durch das die Vorbeifahrt am haltzeigenden Signal mit 15 km/h Geschwindigkeit erlaubt ist. Statt dessen fuhr der Zug mit 40 km/h weiter. Der Lokomotivheizer hätte die falsche Stellung der Weichen bemerken müssen, aber er besaß keine Streckenkenntnis. Der Lokomotivführer beschäftigte sich mit dem Dampfregler, der übrigens nach dem Unfall keine Anormalitä-

Die Unfallstelle des schwersten Eisenbahnunfalls der Ungarischen Staatsbahnen. Sammlung Zámbór

ten zeigte. Das Lokomotivpersonal merkte nicht, daß es auf dem falschen Gleis fuhr - der Katastrophe entgegen. Vom Bahnsteig in den Dienstraum zurückgekehrt, bemerkte der Fahrdienstleiter seinen Fehler. Noch hatte er eine Chance, den Unfall zu verhindern. Er mußte nur den Streckenwärter (Schrankenwärter) anrufen. Bis zur Vorbeifahrt des Zuges waren drei Minuten Zeit. Doch Sz. war jetzt erst richtig durcheinander, rief statt dessen den Fahrdienstleiter in Gyömrö an. Als er dazu kam, mit den Streckenwärter zu sprechen, war es zu spät. Die Züge waren zusammengestoßen.

Im Gare de Lyon in Paris kamen 59 Menschen ums Leben, 32 wurden verletzt, als am 27. Juni 1988 Zug 153 944 von Melun mit dem zur Abfahrt bereitstehenden Zug 153 951 zusammenstieß. Damals trat der Präsident der SNCF, Philippe Rouvillois, zurück, was nicht die einzige Konsequenz aus diesem Unfall blieb, zu dem es von der SNCF hieß: »Es scheint, daß ein wesentlicher Teil der Bremsausrüstung des Zuges (153 944 – E. P.) außer Betrieb gesetzt worden war, und wir können uns bis jetzt diesen Umstand nicht erklären.« Vom 7. bis 9. Dezember 1992 fand im Pariser Justizpalast der Prozeß statt, nach dem der Triebwagenführer Lionel V. zu vier Jahren Haft (auf Bewährung) verurteilt wurde. Den Gewerkschaften war das Strafmaß zu hoch, und sie riefen zum Streik auf.

»Nein, ich lüge nicht!«

In der Beweisaufnahme standen die Versionen des Triebwagenführers und die der technischen Sachverständigen gegeneinander. Geglaubt wurde den Sachverständigen. V. schilderte dem Gericht die letzten Minuten des Unglückszuges. »In Gagny hatte der Zug wegen Bauarbeiten leichte Verspätung. Ich beschleunigte und erreichte 110 km/h in Pantin, schaltete dann ab. In Höhe des Stellwerks 2 leitete ich eine Bremsung mit 1,5 bar ein. Die Bremsverzögerung war ungewöhnlich, weshalb ich den roten Notschalter drückte. Ich dachte an eine Störung. 800 Meter vor dem Bahnsteig fuhr der Zug 30 km/h. Ich war nicht allzu beunruhigt. Auf der Hälfte des Bahnsteigs blieb jedoch die Geschwindigkeit unverändert. Ich stellte den Stromabnehmerschlüssel auf Null, bediente etwa fünf Sekunden die Handbremse. Dann öffnete ich die Trenntür zu den Abteilen und rief den Reisenden zu: 'Langlegen!'«

»Sind Sie sicher, daß Sie dem Gericht nichts vorlügen«, fragte Gerichtspräsident Jean-Claude Antonetti mit barscher Stimme. »Nein, ich lüge nicht.« Die Tonart än-

Die Situation im Pariser Bahnhof Gare de Lyon: Zug 153 346 fährt von Gleis 2 M nach Gleis 4. Zug 153 951 wartet im Gleis 2 auf die Ausfahrt. Zug 153 944 soll, wie es die Bahnhofsfahrordnung vorsieht, nach Gleis 1 einfahren. Der Zug ist aber 30 Minuten verspätet, wurde über Gleis 2 S umgeleitet und soll das Ende der Einfahrt von Zug 153 951 abwarten.
Zeichnung: La Vie du Rail

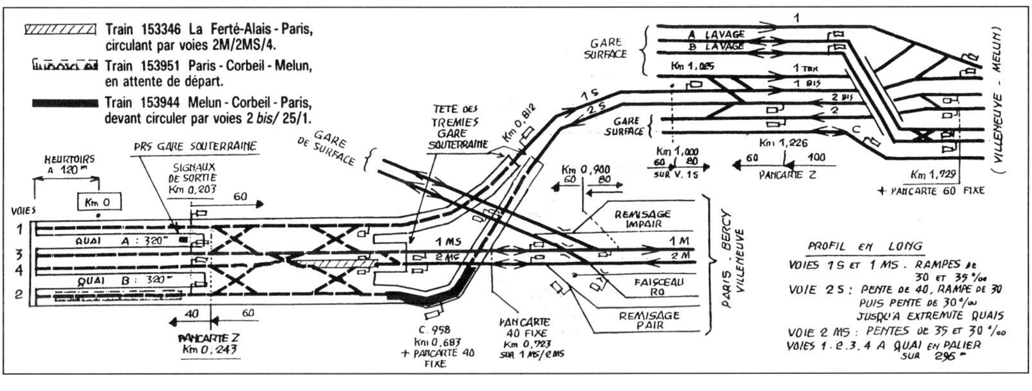

Zug 153 944 ist im Gleis 2 mit Zug 153 951 zusammengestoßen: Fast 60 Tote!. Foto: ADN-ZB/AP

derte sich nicht. Auf der einen Seite stand der Mensch V., dem man nachweisen wollte, daß er etwas falsch gemacht haben mußte, auf der anderen Seite eine Gruppe Sachverständiger, die herausfinden mußten, ob der Fehler bei V., am Material oder an der Technik lag. Der Gerichtspräsident hatte sich seit dem Unfall zum Eisenbahnfachmann entwickelt und bezweifelte – nicht allein deshalb, sondern auch nach den Gutachten –, all das, was der Triebwagenführer sagte. Nach der Auswertung des Fahrtenschreibers hieß es in einem Gutachten: »Die Unfallursache besteht in der Nichtabschaltung des Fahrantriebs. Sicher hat der Triebwagenführer geglaubt, mit einer mechanischen Bewegung abgeschaltet zu haben, ohne jedoch die ordnungsgemäße Ausführung zu kontrollieren. Er stellte eine Fehldiagnose, als er an eine Störung dachte. Eine falsche Reaktion, als er dann das Gegenteil von dem tat, was er

Am 6. August 1988 fährt Zug 66 982 auf dem Pariser Ostbahnhof auf den Prellbock des Gleises 24: Ein Toter und 66 Verletzte. Foto: ADN-ZB/AP

hätte tun müssen. Ein Fehlurteil, als er glaubte, den Zug am Ende des Bahnsteigs anhalten zu können.«

V. hatte die Kontrollampe nicht beachtet, die aufleuchtet, wenn die Zugkraft abgeschaltet wird. Noch in der Mitte des Bahnsteigs hatte er drei Möglichkeiten, den Zug anzuhalten: Abschalten des Hauptschalters, Einsetzen der Sicherheitsfahrschaltung (indem er diese nicht mehr durch Drücken der Fußpedale bedient), Senken des Stromabnehmers. Doch die drei Sachverständigen wirkten unsicher, als sie sagen sollten, was V. tatsächlich getan hat. Ihre Berichte sind von vielen Unstimmigkeiten gefüllt; die These vom »menschlichen Versagen« wurde vom Verteidiger erschüttert.

Als es zur Katastrophe auf dem Bahnhof Gare de Lyon kam, herrschte allgemeine Panik. An die Sicherung der Beweismittel war zunächst nicht zu denken bzw. niemand dachte daran. Jeder konnte den Zug betreten, auch den Führerstand. Erst vier Stunden nach dem Unfall wurden Siegel angelegt. Als ein Polizeiinspektor und zwei Techniker der SNCF den Führerstand des Steuerwagens betraten, sahen sie den Zugkraftschalter auf Null. Der Stufenschalter des Triebfahrzeugs am anderen Ende des Zuges stand auf Zwölf. Diese Stellung hätte zur Nichtabschaltung der Zugkraft geführt. Versagte vielleicht die Befehlsübermittlung vom Steuer- zum Triebwagen? War der Zugkraftschalter auf Null gestellt worden, nachdem der Zug angekommen und zusammengestoßen war? Der Stromabnehmerschlüssel wurde außerhalb des Führerstandes gefunden. Er konnte nur in der Nullstellung aus dem Schloß genommen werden, und das ging nur, wenn der Stromabnehmer gesenkt war. Es gab so vieles, was nach Manipulation roch. Aber das Gericht durfte die Beweismittel würdigen, wie es sie für richtig hielt.[44]

[43] *Die Eisenbahndienststellen in Budapest waren, wie mir von Recherchen zu ganz anderen Themen bekannt wurde, ein »heißes Pflaster«, ständig vom Arbeitskräftemangel geplagt, so daß die MAV sich nur mit Abordnungen aus der Provinz behelfen konnte. (E. P.)*

[44] *Informationen nach »La vie du rail«, Paris, vom 17. – 23. Dezember 1992.*

Register der Unfallorte

Das Register umfaßt sämtliche in den Büchern »Eisenbahnunfälle in Europa« (I), »Tragischer Irrtum« (II) und »Reise ins Verderben« (III) genannten Unfallorte. Bildunterschriften und Tabellen sind nicht berücksichtigt.

Verzeichnis der Abkürzungen

Abzw	Abzweigstelle
Betra	Bau- und Betriebsanweisung
BRD	Bundesrepublik Deutschland
D	Schnellzug
DB	Deutsche Bundesbahn
DB AG	Deutsche Bahn AG
dpa	Deutsche Presse-Agentur
DR	Deutsche Reichsbahn
EBÜT	Einheitliche Bahn-Übergangs-Technik
Gdg	Durchgangsgüterzug (Ganzzug)
HET	Hilfseinschalttaste
IC	Intercity
ICE	Intercity-Expreß
ICG	Intercity-Güterzug
Lz	Lokomotivzug
Lzz	Lokomotivzug zum Zug
N	Nahverkehrszug
ÖBB	Österreichische Bundesbahnen
Skl	Schwerer Kleinwagen (Gleiskraftwagen)
Tdg	Durchgangsgüterzug im internationalen Verkehr
Üg	Übergabezug

Erich Preuß
Der Reichsbahn-Report 1945-1993
Um Erfolge und Mißstände bei der DDR-Reichsbahn ranken sich heute bereits manche Legenden. Der Autor zeichnet hier ein differenziertes Bild der Staatsbahn, frei von Ressentiments, aber auch ohne Verklärung.
240 Seiten, 203 Abb., 34 Farb-Abb., gebunden
DM 49,80/sFr 47,50/öS 364,–
Bestell-Nr. 70789

Erich Preuß
Eisenbahnunfälle in Europa
Tatsachen, Berichte und Protokolle: Ein hochinteressanter Streifzug durch Gerichts- und Untersuchungsprotokolle sowie durch zahlreiche Zeitungsinformationen über Eisenbahnunfälle in Europa aus der Zeit von 1839 bis 1986 – spannend und kriminalistisch beschrieben.
168 Seiten, 154 Abb., geb.
DM 39,80/sFr 37,90/öS 291,–
Bestell-Nr. 70716

Weitere Dokumentationen von Erich Preuß

Erich Preuß
Tragischer Irrtum – Eisenbahnunfälle der 80er Jahre
Warum griff der Weichenwärter zum falschen Hebel? Warum bremste der Zug nicht? War etwa die Brücke falsch konstruiert? Solche und ähnliche »Irrtümer« werden anhand von Gerichtsprotokollen und Presse-Informationen analysiert.
168 Seiten, 95 Abb., gebunden
DM 39,80/sFr 37,90/öS 291,–
Bestell-Nr. 70772

Erich Preuß
Stellwerke deutscher Eisenbahnen
Die technische und bauliche Entwicklung von Stellwerken: Von den ersten mechanisch betriebenen Kurbelwerken über die mit Druckluft betätigten und elektromechanischen Stellwerksanlagen bis zur elektronischen Betriebszentrale der Gegenwart.
144 Seiten, 152 Abb., brosch.
DM 29,80/sFr 29,80/öS 218,–
Bestell-Nr. 71025

Erich Preuß
Die bayerische Zugspitzbahn
Die umfassende Dokumentation über diese Bahn, die den gesamten Bauablauf ab 1928 bis zu ihrer endgültigen Fertigstellung verfolgt. Dazu alles über Streckenführungen, Betrieb und Technik aller zur Zugspitzbahn gehörenden Seilbahnen heute.
112 Seiten, 83 sw-Abb., 21 Farb-Abb., broschiert
DM 29,80/sFr 29,80/öS 218,–
Bestell-Nr. 71054

trans press

IHR VERLAG FÜR EISENBAHN-BÜCHER

Postfach 10 37 43 · 70032 Stuttgart
Telefon (0711) 2108065
Telefax (0711) 2108070

Stand März 1997 – Änderungen in Preis und Lieferfähigkeit vorbehalten

Eisenbahn-Geschichte

Peter Semmens
Katastrophen auf Schienen
Eine weltweite Dokumentation über 500 Unfälle von Reisezügen, die sich seit 1900 in über 80 Ländern zugetragen haben: Mit allen Einzelheiten – Ort, Datum, Zahl der Opfer, Unfallhergang, Ursachen und Schlußfolgerungen – werden diese Vorfälle eingehend beschrieben.
248 Seiten, 85 Abb., geb.
DM 49,80/sFr 47,50/öS 364,–
Bestell-Nr. 71030

Wolfgang Fiegenbaum
Abschied von der Schiene
Band 3: Stillgelegte Strecken 1990-1995
Über 700 Streckenkilometer verschwanden 1991 bis 1995 von der Eisenbahnlandkarte Deutschlands. Sie werden hier beschrieben und mit Fotos des letzten Betriebszustandes dokumentiert.
192 Seiten, 200 sw-Abb., 15 Farb-Abb., gebunden
DM 59,–/sFr 54,50/öS 431,–
Bestell-Nr. 71057

Karl-Ernst Maedel
Bekenntnisse eines Eisenbahnnarren
Erinnerungen eines Zeitgenossen an die 20er Jahre mit ihren rumpelnden Wagen 4. Klasse, an die Heizer mit Schaufel und Schüreisen, an bärige Lokführer und an seine Mitfahrten auf Führerständen der Loks.
256 Seiten, 22 Abb., gebunden
DM 29,80/sFr 29,80/öS 218,–
Bestell-Nr. 71051

D. Kutschik/B. Sprang
Die Berlin-Hamburger Eisenbahn
Die 150jährige Geschichte dieser bedeutenden deutschen Eisenbahnverbindung wird in Wort und Bild dokumentiert – vom Beginn bis zur Gegenwart und ihrer Zukunft mit der Magnetschnellbahn »Transrapid«.
136 Seiten, 86 sw-Abb., 24 Farb-Abb., 5 Karten, geb.
DM 39,80/sFr 37,90/öS 291,–
Bestell-Nr. 71040

Riccardo Mezzanotte
Züge der Alpen
Dieses bezaubernde Eisenbahnbuch beschreibt 55 Bahnlinien durch die Alpenregionen, mit Angaben zu Strecken, Antriebssystemen, technischen Daten, Spurweiten usw. sowie Beschreibungen der Landschaften und reizvoller Stationen mit anschließenden Wanderwegen.
144 S., 365 Farbabb., geb.
DM 39,80/sFr 37,90/öS 291,–
Bestell-Nr. 71041

trans press

IHR VERLAG FÜR EISENBAHN-BÜCHER

Postfach 10 37 43 · 70032 Stuttgart
Telefon (0711) 2108065
Telefax (0711) 2108070

Stand März 1997 – Änderungen in Preis und Lieferfähigkeit vorbehalten